建筑工人岗位培训教材

弱 电 工

（下册）

本书编写委员会 编写

中国建筑工业出版社

图书在版编目（CIP）数据

弱电工.下册/《弱电工》编写委员会编写. —北京：中国建筑工业出版社，2018.12（2023.7重印）
建筑工人岗位培训教材
ISBN 978-7-112-23072-3

Ⅰ.①弱… Ⅱ.①弱… Ⅲ.①电工技术-教材 Ⅳ.①TM

中国版本图书馆 CIP 数据核字（2018）第 287621 号

本教材是建筑工人岗位培训教材之一。按照《弱电工职业技能标准》的要求，对弱电工应知应会的内容进行了详细讲解，具有科学、规范、简明、实用的特点。

本教材主要内容包括：信息设施系统，公共安全系统，建筑设备管理系统，信息化应用系统，智能化集成系统，机房工程。

本教材适用于弱电工职业技能培训，也可供相关职业院校实践教学使用。

责任编辑：李 明 李 杰 葛又畅
责任校对：芦欣甜

建筑工人岗位培训教材
弱电工（下册）
本书编写委员会 编写

＊

中国建筑工业出版社出版、发行（北京海淀三里河路9号）
各地新华书店、建筑书店经销
北京红光制版公司制版
建工社（河北）印刷有限公司印刷

＊

开本：850×1168毫米 1/32 印张：10 字数：266千字
2019年2月第一版 2023年7月第三次印刷
定价：**27.00**元
ISBN 978-7-112-23072-3
（33144）

本书编写委员会

主　　任：景　万

副 主 任：程　鸿　　王秀兰　　黄久松

委　　员：李翠萍　　孙　兰　　张　野　　董玉安　　胡少云

　　　　　杜圣辉　　沈忠明　　李明荣　　薛邦田　　王正中

　　　　　王显明　　林卫东　　龚延风　　万　力　　马　健

　　　　　季兆齐　　刘金好　　罗德俊　　甄祖玲　　李新和

　　　　　张　钊　　张　斌　　陈　应　　粟卫权　　苏　玮

　　　　　范同顺

主编单位：中国建筑业协会智能建筑分会

参编单位：讯飞智元信息科技有限公司

　　　　　上海市智能建筑建设协会

　　　　　捷通智慧科技股份有限公司

　　　　　北京北大青鸟安全系统工程技术有限公司

　　　　　浙江省建筑设计研究院

　　　　　厦门柏事特信息科技有限公司

　　　　　湖南省建筑设计院

　　　　　中建三局智能技术有限公司

　　　　　安徽省安泰科技股份有限公司

苏州朗捷通智能科技有限公司
北京中科软件有限公司
冠林电子有限公司
北京中科互联科技有限公司

出 版 说 明

国家历来高度重视产业工人队伍建设，特别是党的十八大以来，为了适应产业结构转型升级，大力弘扬劳模精神和工匠精神，根据劳动者不同就业阶段特点，不断加强职业素质培养工作。为贯彻落实国务院印发的《关于推行终身职业技能培训制度的意见》（国发〔2018〕11号），住房和城乡建设部《关于加强建筑工人职业培训工作的指导意见》（建人〔2015〕43号），住房和城乡建设部颁发的《建筑工程施工职业技能标准》、《建筑工程安装职业技能标准》、《建筑装饰装修职业技能标准》、《弱电工职业技能标准》等一系列职业技能标准，以规范、促进工人职业技能培训工作，本书编写委员会以《职业技能标准》为依据，组织全国相关专家编写了《建筑工人岗位培训教材》系列教材。

依据《职业技能标准》要求，职业技能等级由高到低分为：五级、四级、三级、二级、一级，分别对应初级工、中级工、高级工、技师、高级技师。本套教材内容覆盖了五级、四级、三级（初级、中级、高级）工人应掌握的知识和技能。二级、一级（技师、高级技师）工人培训可参考使用。

本系列教材内容以够用为度，贴近工程实践，重点突出了对操作技能的训练，力求做到文字通俗易懂、图文并茂。本套教材可供建筑工人开展职业技能培训使用，也可供相关职业院校实践教学使用。

为不断提高本套教材的编写质量，我们期待广大读者在使用后提出宝贵意见和建议，以便我们不断改进。

本书编写委员会

2018 年 11 月

前　言

国务院办公厅《关于促进建筑业持续健康发展的意见》（国办发〔2017〕19号）中提出了"加强工程现场建筑工人的教育培训。健全建筑业职业技能标准体系，全面实施建筑业技术工人职业技能鉴定制度"和"大力弘扬工匠精神，培养高素质建筑工人"的要求。同时也提出"推广智能和装配式建筑"和"在新建建筑和既有建筑改造中推广普及智能化应用"。

智能建筑在我国发展近30年，已经形成了建设领域的新兴产业和行业，未来发展潜力极大，智慧城市更是长期发展的愿景。为促进行业人力资源市场的发展，更好地为智能建筑施工、运营和管理服务，弘扬工匠精神，培育大国工匠，必须加快培养高素质的弱电工和新型产业化工人，使"弱电工"这支新兴产业工人队伍经过系统、专业的培训，德、智、体、美全面发展，成为理论知识扎实，基本技能强，富有创新精神的应用型工程技术人才。

为落实职业标准，规范工程现场建筑工人的教育培训，培养新型产业化工人，中国建筑业协会智能建筑分会组织国内行业知名企业专家、院校老师以及一线具有丰富工程施工经验的操作人员，根据住房和城乡建设部《弱电工职业技术标准》JGJ/T 428—2018具体规定编写完成本教材。

本教材共分为上册和下册。上册是以弱电工程施工顺序为主线，按照管沟管井施工、线管线槽施工、线缆敷设、设备设施安装的顺序编写，附以弱电工程基础、防雷与接地、工程管理的相关内容。下册是以智能化系统划分为主线，按照信息设施系统、公共安全系统、建筑设备管理系统、信息化应用系统、智能化集成系统、机房工程的顺序介绍智能化各子系统，以弱电工程施工顺序为辅线，描述设备安装、调试、联合调试和系统开通等相关知识。

其中，下册第1章由胡少云、赵磊、李明荣、刘春晓、李晓光等编写；第2章由胡少云、赵磊、李纲、阮晓华、刘殿峰等编写；第3章由沈忠明、罗伟亮、沈晔、沈懋强、尹必康等编写；第4章由李翠萍、董玉安、汪腾、林丛晖、陈应等编写；第5章由董玉安、李晓光、林海、崔萌等编写；第6章由杜圣辉、王大伟、李翠萍、周鑫婷等编写。

本教材理论学习部分反映基础知识和各技能等级对应的专业知识、施工操作安全知识等。施工操作部分反映各技能等级对应的基本操作技能、工机具和仪器仪表的使用、施工安全操作、施工工艺标准等。

本教材文字通俗易懂，图文并茂。力求理论知识和实践操作相结合，理论内容以够用为度，重点突出操作技能的训练要求。充分注意了知识的覆盖面，以适应弱电工培训的需要。强调了影响施工质量和有关安全生产的相关内容。本教材内容符合现行标准、规范、工艺和新技术推广的要求，注重教材的实用性、科学性、规范性、针对性和可操作性。

本教材是弱电工开展职业技能培训的必备教材，也可供高、中等职业院校实践教学使用。

感谢住房和城乡建设部人力资源开发中心对本教材编写工作的支持。由于编者水平有限，书中难免存在缺点和不足之处，敬请各位读者批评指正。

目 录

一、信息设施系统

信息设施系统是为确保建筑物与外部信息通信网的互联及信息畅通，对语音、数据、图像和多媒体等各类信息予以接收、交换、传输、存储、检索和显示等进行综合处理的多种类信息设备系统加以组合，提供实现建筑物业务及管理等应用功能的信息通信基础设施。具体包括：信息接入系统、布线系统、卫星通信系统、用户电话交换系统、信息网络系统、有线电视及卫星电视接收系统、公共广播系统、会议系统、信息导引及发布系统、时钟系统及其他相关的信息设施系统等。

（一）信息接入系统

1. 系统概述

信息接入系统是为满足建筑物内各类用户对信息通信的需求，并将各类公共信息网和专用信息网引入建筑物内，以支持建筑物内各类用户所需的信息通信业务。同时还可以以建筑为基础的物理单元载体，对接智慧城市的技术条件，为具有多种类信息业务经营者提供平等接入的条件。信息接入系统涉及专线业务、语音通信、数字电视等多个方面。接入方式包括铜缆接入、光缆接入等。

2. 系统功能

信息接入系统一般是电信运营商提供，目前大部分使用光缆接入，也有少部分铜缆接入。光缆接入如果边缘设备具有对应光纤接口，可直接接入，如果没有光纤接口就需要通过光电转换设备（如光电收发器），转换成电信号接入到边缘设备。如果是铜缆接入，可以直接接入边缘设备。

3. 系统架构

信息接入网（AN）是由业务节点接口（SNI）和相关用户网络接口（UNI）之间的一系列传送实体（诸如线路设施和传输设施）所组成的，为传送电信业务提供所需传送承载能力的实施系统，可经由网管接口（Q）进行配置和管理。如图 1-1 所示。

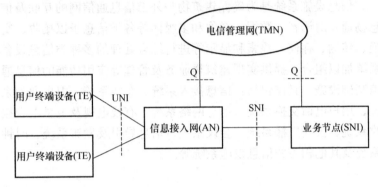

图 1-1　信息接入网的基本结构

传输设备与传输线路构成传输系统。根据用户分布和所需业务类型情况，可选择不同的传输系统。传输系统具有不同的拓扑结构，如树形、星形、环形或以上几种类型的混合结构等。

4. 系统测试

信息接入系统安装调试施工过程均由电信运营商来实施，在弱电工程中主要做铜缆接入、光缆接入的检测工作。信息接入系统的检测应由运营商提供一份完整的链路检测报告。

（1）光缆接入链路检测指标

光缆接入链路检测包括对光缆链路物理参数检测及基于光缆的宽带、语音、有线及数字电视接入参数检测。

光缆链路物理参数检测包括端到端光缆链路损耗、熔接点与耦合器个数、光缆长度、连通性测试、光时域反射损耗测试等参数检测。

（2）铜缆接入链路检测指标

铜缆接入链路检测包括对铜缆链路物理参数检测及基于铜缆的宽带、语音、有线及数字电视接入参数检测。

双绞线接入链路检测的内容包括：链路长度、衰减、特性阻抗、传输延迟、近端串扰、等效远端串扰、回波损耗等参数。同轴电缆的测试内容主要有：导体或屏蔽层的开路情况、导体和屏蔽层之间的短路情况、导体接地情况、在各屏蔽接头之间的短路情况。

基于铜缆接入宽带参数测试包括对宽带接入速率检测内容光缆链路在各连接点、熔接点、光缆弯曲点、机械接头、光缆断面等节点与光缆链路测试点的距离与衰减值。

图1-2　手持式光功率计

（3）调试常用工具及常用检测方法

1）常用工具

调试常用的检测工具有：笔记本电脑、模拟电话、BNC多功能网络测线器、电缆认证分析仪、网线测试仪、万用表、有线电视测试仪、光源（如激光笔）、光纤长度测试仪、功率计、光回损测试仪、光时域反射仪等，如图1-2～图1-4所示。

图1-3　光回损测试仪

图1-4　光时域反射计OTDR

2）常用检测方法

工程中光缆和铜缆的常用检测有链路检测、接入宽带接入速率检测、语音通信接入检测、有线及数字电视系统接入检测。

① 接入宽带接入速率检测

基于光缆和铜缆接入宽带接入速率检测主要包括宽带接入速率、SDH 专线检测、MSTP 专线检测、裸光缆专线检测等。可以使用网页测试方法、多线程测试方法等。

a）光缆宽带接入速率测试

笔记本电脑连接到运营商网络，用户使用速率测试平台提供的宽带测速服务，由用户通过浏览器打开测速页面或使用测速客户端软件主动发起请求，通过 HTTP 从速率测试平台进行文件下载，并根据发送的文件大小和所用时间计算用户的宽带接入速率。

b）网页测试方法

用户使用速率测试平台提供的宽带测速服务，由用户通过浏览器打开测速页面或使用测速客户端软件主动发起请求，通过 HTTP 从速率测试平台进行文件下载，并根据发送的文件大小和所用时间计算用户的宽带接入速率。网页测试方法包括客户端测速、普通网页测速和控件网页测速三种。

c）多线程测试方法

为（多 TCP 连接）HTTP 下载进行测速，测试中使用的线程数量为 $N \geq 4$ 测试，用户终端设备发起测试请求后，与测速平台建立 N 条 TCP 连接，速率测试平台同时计算每 1s 间隔内的实时数据传送速率，15s 后速率测试平台停止发送数据，计算第 5s 到第 15s 之间共计 10s 的平均速率及峰值速率。

② 语音通信接入检测

基于光缆和铜缆语音通信接入检测主要包括 PSTN 基本业务测试、PSTN 补充业务测试、ISDN 业务测试、ISDN 补充业务测试等。

5. 常见故障分析与排除

信息接入系统故障排除一般由运营商处理，用户侧主要工作是日常维护和协助故障处理。日常维护是信息接入系统正常运行期间，定期进行保养及检查，也包括故障处理工作。建议每周定期进行一次，如果不能实现，一般每隔数周必须进行一次。日常维护一般包括以下几个方面工作：

（1）清除信息接入系统设备上的灰尘。

（2）检查信息接入系统设备电源指示灯、各类信号指示灯状态，发现异常要尽快查明原因，加以处理。

（3）协助运营商进行信息接入系统故障处理。

（4）每次维护做好记录、存档，以便发生紧急事故时缩短处理时间，及时排除故障，恢复系统正常工作。

（二）综合布线系统

1. 系统概述

弱电工程中的布线系统是指能够支持电子信息设备相连的各种缆线、跳线、接插软线相连接器件组成的系统。

综合布线系统是构建智能建筑必不可少的信息传输通道。它采用标准的缆线与连接器件将语音、数据、图像等终端设备与建筑管理系统连接起来，构成一个完整的智能化系统。其开放的结构可以作为各种不同工业产品标准的基准，使其具有更大的适用性、灵活性、通用性，以最低成本随时对设置于工作区域的配线设施重新规划布局。

2. 系统功能

随着城市建设及信息通信事业的发展，现代化的商住楼、办公楼、综合楼及园区等各类民用建筑及工业建筑对信息的要求已成为城市建设的发展趋势。

综合布线系统已成为建筑物信息通信网络的基础传输通道，能支持语音、数据、图像和多媒体等各种业务信息的传输。可根据建筑物的业务性质、使用功能、环境安全条件和其他使用的需求，进行合理的系统布局和管线设计。

3. 系统架构

综合布线系统为开放式星形网络拓扑结构，基本构成包括建筑群子系统、干线子系统和配线子系统，配线子系统中可以设置集合点（CP），也可不设置集合点。其基本结构如图1-5所示。

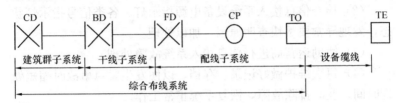

图1-5　综合布线系统基本构成

CD：建筑群配线设备；BD：建筑物配线设备；FD：楼层配线设备；

CP：集合点；TO：工作区信息插座；TE：终端设备

综合布线系统由不同系列和规格的部件组成，包括：传输介质、相关连接硬件（如配线架、连接器、插座、插头、适配器）以及电气保护设备等。

依据工作区信息插座（TO）的分布实际，配线子系统中可设置集合点（一般安装于信息配线箱中）。

根据建筑物分布和缆线敷设路由实际，建筑物内楼层配线设备之间、不同建筑物配线设备之间亦可建立直达路由。楼层配线设备也可不通过建筑物配线设备直接与建筑群配线设备互连。

综合布线系统入口设施连接外部网络和其他建筑物的引入缆线，通过建筑物配线设备（BD）或建筑群配线设备（CD）进行互连，如图1-6所示。对设置了设备间的建筑物，设备间所在楼层配线设备（FD）可以和设备间中的BD或CD以及入口设施安

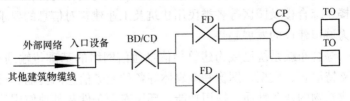

图1-6　综合布线系统引入部分构成

装在同一场地内，分别安装固定于标准机柜或机架。

综合布线系统中建筑群子系统、干线子系统、配线子系统的每个子系统都相对独立，每个子系统的改动都不影响其他子系统。只要通过配线设备改变跳线，即可改变设备通信链路的转换，也可使通信网络在星形、总线、环形等各种类型的网络拓扑间进行转换。布线系统在单体楼宇内的典型设置如图 1-7 所示。

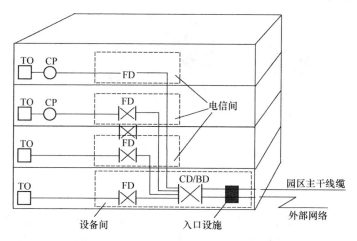

图 1-7　综合布线系统在单体楼宇内的典型设置

（1）建筑群子系统

建筑群子系统包括连接多个建筑物之间的主干线缆、建筑群配线设备（CD）及设备线缆和跳线。建筑群配线设备（CD）安装于进线间。对于单幢建筑物而言，其进线间即为设备间。

建筑群子系统主干线缆采用大对数电缆或光缆。若干线敷设路由在室内（如地下车库），则可使用室内型线缆；若干线敷设路由部分或全部在室外，则应当采用相应型号（防水、防腐、抗压等）的室外型线缆。

（2）干线子系统

干线子系统由建筑物设备间至楼层电信间的主干线缆、安装在设备间的配线设备（BD）及设备缆线和跳线组成。

干线子系统一般采用大对数电缆或大芯数光缆布线。在多层和高层建筑物中，沿垂直竖井路由敷设并固定于垂直线槽或线管中，因此也称作垂直布线。一般情况下，主干大对数电缆（或主干光缆）的根数与楼层电信间配线设备（FD）数量相同，呈星形状态。

在建筑物内，干线子系统的线缆一般使用室内型，如图 1-8 所示。

图 1-8　干线子系统室内线缆
(a) 室内大对数双绞电缆；(b) 室内大芯数光缆

（3）配线子系统

配线子系统由工作区内的信息插座模块（TO）、信息插座模块至电信间配线设备（FD）的水平线缆、电信间的配线设备及设备缆线和跳线等组成。配线子系统的线缆在楼宇中往往在楼层吊顶中沿水平方向敷设，故也称作水平子系统或水平布线系统。水平布线系统在建筑内封闭于顶板线槽或线管之中，敷设后不易变动，因此在综合布线系统中也称其为"永久链路"。

1）常用线缆

综合布线系统使用的电缆统一命名方法使用 XX/YZZ 编号，其含义如下表示：

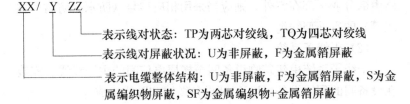

照此规定，对绞电缆可以分为 8 种类型：U/UTP、F/UTP、U/FTP、SF/UTP、S/FTP、U/UTQ、U/FTQ 及 S/FTQ。如图 1-9（a）所示为常见的 U/UTP 非屏蔽与屏蔽型 4 对对绞电缆。

目前，配线子系统大多采用五类、超五类、六类非屏蔽或屏蔽 4 对对绞电缆。在应用"光纤到桌面"和全光网络时，配线子系统中水平布线采用室内光缆，如图 1-9（b）所示。水平布线的电缆、光缆应当与工作区电口、光口信息插座相适应。

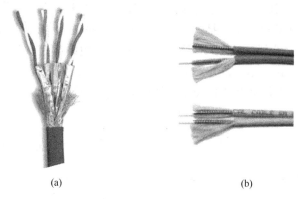

(a)   (b)

图 1-9   配线子系统中的水平线缆

（a）非屏蔽与屏蔽四对双绞电缆；（b）室内光缆

2）水平布线长度限制

为保证布线系统达到应有的技术指标，《综合布线系统工程设计规范》GB 50311 对水平布线、缆线的长度以及信道链路中的连接器件的数量均有明确的限制，如图 1-10 所示。

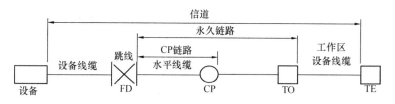

图 1-10   布线系统信道、永久链路、CP 链路构成

其中，水平缆线不大于 90m，跳线与设备线缆总长不大于 10m，永久链路中连接器件最多 3 个，信道中的连接器件最多 4 个。

3）工作区

工作区由信息插座及终端设备连接到信息插座的连接线缆和适配器组成。常见的信息插座有 RJ11 语音插座和 RJ45 数据插座，均固定于标准的 H86 型面板上。

工作区常见的接入终端设备有计算机、电话机、传真机、电视机等。因此工作区也对应配备了计算机网络插座、电话语音插座、CATV 有线电视插座等，并配置相应的连接线缆，如 RJ45-RJ45 连接线缆、RJ11-RJ11 电话线和电视电缆等。如图 1-11 所示为常见的工作区语音和数据的信息插座、设备连接线和设备连接方式。工作区及连接设备线缆的总长度不能超过 10m。

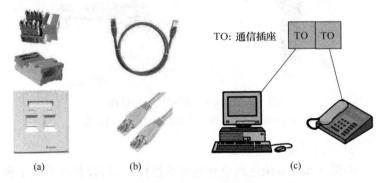

图 1-11　工作区信息插座与设备的连接

(a) 信息插座；(b) 设备连接线缆；(c) 信息插座与设备连接

《综合布线系统工程设计规范》GB 50311 明确规定：1 条 4 对对绞电缆应全部固定终接在 1 个 8 位模块通用插座上。不允许将 1 条 4 对对绞电缆的线对终接在 2 个或 2 个以上 8 位模块通用插座。

工作区常见使用各类适配器，适配器的选用应符合以下规定：

① 设备的连接插座应与连接电缆的插头匹配，不同插座与插头之间互通时应加装适配器。

② 在连接使用信号数模转换、光电转换、数据传输速率转换等相应装置时，应采用适配器。

③ 对于网络规程的兼容，应采用协议转换适配器。

工作区信息插座固定于面板，通过面板固定于墙面（地面、桌面）的标准底盒之上。注意光纤信息插座模块安装的底盒大小和深度应满足水平光缆（2 芯或 4 芯）终接处光缆预留长度的盘留空间，并满足光缆弯曲半径的要求。

（4）配线设备

综合布线的配线设备分别安装于建筑群（物）的进线间、设备间、电信间，由电（光）缆连接模块、适配器、配线架以及相关附件组成，一般均固定于标准的 19 英寸机箱、机柜之中，其作用是端接线缆（水平线缆、垂直线缆和干线线缆），并连接跳线。

1）全电缆布线系统连接方式

① 在全电缆布线系统中，在楼层电信间的 FD、建筑物设备间的 BD 和建筑群进线间的 CD 处，电话交换系统配线设备模块之间一般均采用跳线互联，配线设备一般使用 110 型卡接式语音配线模块，如图 1-12 所示。

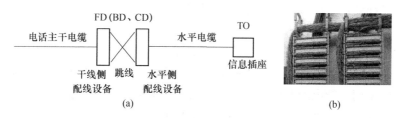

图 1-12　电话交换系统中缆线与配线设备间连接方式和配线模块
（a）电话交换系统中缆线与配线设备间连接方式；（b）卡接式语音配线架

② 计算机网络设备与配线设备的连接一般有如图 1-13（a）、（b）所示的两种方式。其配线设备使用 RJ 配线模块和 RJ45 跳

线，如图 1-13（c）所示，通过配线架安装在电信间、设备间、进线间的标准机柜内。

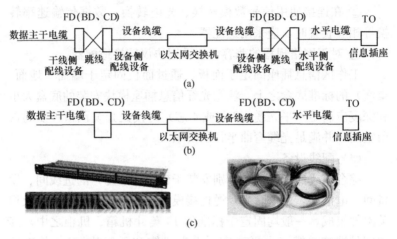

图 1-13 计算机网络设备与配线设备间连接方式及配线设备
（a）交叉式连接方式；（b）互连方式；（c）RJ45 配线模块及跳线

2）光纤布线连接方式

随着光纤通信的成熟应用，综合布线越来越多地使用光纤替代。办公建筑中，由光纤到楼（FTTB）、光纤到楼层（FTTF）发展至光纤到桌面（FTTD）。对城市市民用户，也已经实现了光纤到户（FTTH）。因此在弱电工程布线系统中必须掌握光纤布线的知识和技术。

① 光、电缆混合应用的布线系统

在光、电缆混合应用的综合布线系统中，常见配线子系统仍然采用对绞电缆和电缆器件，干线子系统和建筑群子系统采用光缆和光连接器件。典型连接如图 1-14 所示。

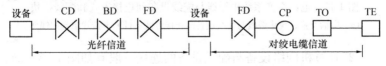

图 1-14 光、电缆混合应用布线系统典型连接

光电信号转换设备置于楼层电信间。光信号自进线间进入，经 CD、BD 跳线对接后引入电信间，端接于光纤配线架，光电信号转换设备一端以光缆端接于 FD 的光纤配线架上的光模块，另一端以对绞电缆端接于 FD 的配线架上的电模块，进入对绞线配线系统，连接工作区的设备。

② 全光信道布线系统

顾名思义，全光信道布线系统中的主干线缆、干线垂直线缆和配线水平线缆均采用光缆，所有配线设备使用光模块，跳线使用光纤跳线，最终以光纤接入工作区的信息设备。如图 1-15 所示为典型连接方式之一。

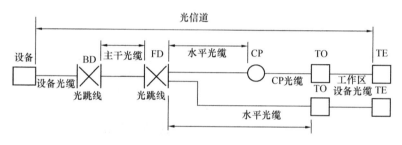

图 1-15　全光缆布线系统典型连接方式之一

4. 设备安装

综合布线系统的设备安装主要包括线缆敷设、工作区信息插座的端接、电信间、设备间的安装。其中线缆敷设及工作区信息插座的安装按通用设备安装操作进行。

（1）信息模块端接

双绞线在与信息插座和插头的模块连接时，必须按色标和线对顺序进行卡接。信息模块在正常情况下，具有较小的衰减以及插入电阻。如果卡接不当，可能会造成链路的衰减。

（2）电信间安装

1）电信间数量应按所服务的楼层范围及工作区面积来确定。

如果该层信息点数量不大于 400 个，水平线缆长度在 90m 范围以内，宜设置一个电信间。当超出这一范围时，宜设两个或多个电信间。每层的信息点数量较少，且水平线缆长度不大于90m的情况下，宜几个楼层合设一个电信间。电信间应采用门宽大于0.7m，温度应为10～35℃。应与强电间分开设置，电信间内或紧邻处应设置缆线竖井。

2）电信间内分布安排

需要人员维护的地方，间距不小于1.2m。不需要人员维护的场所，最小间距0.15m。机架或机柜前面的净空不应小于800mm，后面的净空不应小于600mm。壁挂式配线设备底部离地面的高度不宜小于300mm。电信间分布如图1-16所示。

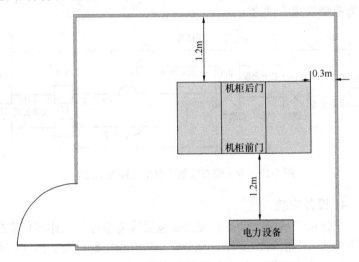

图1-16 电信间分布

3）电信间机柜内设备分布

可按照上部光纤，下部铜缆进行设备的布置。将外部光缆信号从机柜顶部进线，通过光纤跳线的跳接，实现光信号与电信号的转换，铜缆配线架与金属理线架进行1：1的配置。

（3）设备间安装

设备间的位置宜便于设备接地，应远离有干扰源存在的场地。设备间内使用面积不应小于10m²，设备间室温应为10～

35℃，相对湿度应为 20%～80%，并有良好的通风。设备间梁下净高不应小于 2.5m，采用外双扇门，门宽不应小于 1.5m。设备间宜处于干线子系统的中间，尽可能靠近线缆竖井位置，有利于主干线缆的引入，满足传输距离要求。

机架安装应牢固，应按防震要求加固。机架上各种零件不得脱落或碰坏，各种标志应完整清晰。机架安装完毕后，水平、垂直度应符合规定，垂直度偏差不应大于 3mm。设备间机柜如图 1-17 所示。

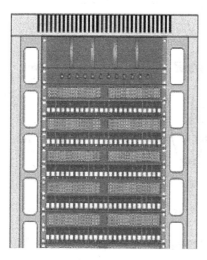

图 1-17　设备间机柜

5. 布线系统测试

综合布线的质量决定着信道链路传输信息的带宽、速率和质量，铜缆和光缆链路分别有不同的技术性能指标。

（1）铜缆测试方式

电缆系统中测试模型分为两种，一种为永久链路测试，对象是电缆系统中的固定部分，不含适配接线，永久链路适配器排除了因测试跳线的损耗影响测试结果的情况，永久链路模型如图 1-18所示；另一种为通道测试，对象是用户实际使用的链路。

通道链路模型如图 1-19 所示。

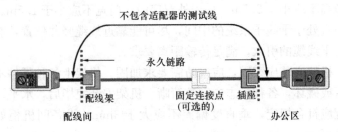

图 1-18　永久链路模型

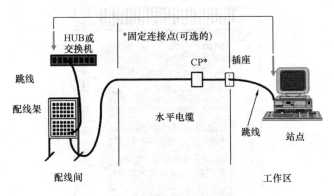

图 1-19　通道链路模型

电缆测试仪每隔 30d 在使用前应进行基准设置，这样做可以确保取得准确度最高的测试结果。基准设置时开启测试仪及智能远端，等候 1min，然后才开始设置基准。只有当测试仪已经达到 $10\sim40℃$（华氏 $50\sim104℉$）之间的周围温度时才能设置基准。

（2）铜缆布线系统的主要性能指标

1）链路长度（Length）

目前综合布线系统所允许的双绞线链路最长的接线长度（CHANNEL）是 100m，如果长度超过指标则衰减和延迟太大，影响网络传输。

2）衰减（Attenuation）

当信号在电缆上传播时，信号强度随着距离增大逐渐变小。衰减量与线路长度、芯线直径、温度、阻抗、信号频率有关。

3）特性阻抗（Impedance）

特性阻抗是指电缆无限长时的阻抗。特性阻抗的标准值是 $100\pm20\Omega$，如果能维持在 $100\pm10\Omega$ 以内则比较理想。

4）直流电阻（Resistence）

直流环路电阻是一条链路环在一起的总电阻，一对导线电阻之和。直流环路电阻会消耗一部分信号，并将其转变成热量。信息技术-用户基础设施结构化布线 ISO/IEC 11801 规范规定百米双绞线直流电阻不得大于 19.2Ω。每对间的差异应小于 0.1Ω，否则表示接触不良，必须检查连接点。

5）传输延迟（PropagationDelay）和延迟偏离（DelaySkew）

网络传输延迟最高值不能超过 570ns。延迟偏离指的是线对之间传输延迟的差值。

6）近端串扰（NEXT）

一条链路中，处于线缆一侧的某发送线对于同侧的其他相邻（接收）线对通过电磁感应所造成的信号耦合，即近端串扰。定义近端串扰值（dB）和导致该串扰的发送信号（参考值定为0dB）之差值（dB）为近端串扰损耗。越大的 NEXT 值近端串扰损耗越大。由于近端串扰在测量时对信号的拾取是有灵敏度差别的，处于 40m 以外的近端串扰信号是不精确的，所以链路认证测试在该值上要求两端测试。

7）综合功率近端串扰（PSNEXT）

从超五类布线系统开始，为了支持基于 1000Base-T 的千兆以太网协议，测试参数又多了一个综合功率近端串扰值，该值是考虑在实施四对全双工传输时多对线对一对线的近端串扰总和，对于千兆传输来说，该值至关重要，其问题的发生与近端串扰基本一致，同时影响更加明显。

8）等效远端串扰（ELFEXT）及远端串扰（FEXT）

由发射机在远端传送信号，在相邻线对近端测出的不良信号耦合为远端串扰（FEXT）损耗。远端串扰损耗以接收信号电平对应的 dB 表示。按照 ASTMD4566 电信电线和电缆用绝缘体及套管电性能的试验方法标准，应当测量电缆和布线所有线对组合的等电平远端串扰损耗（ELFEXT）。此外，由于每一对双工信道会受到一对以上双工信道的干扰，所以应规定布线和电缆的综合功率等效远端串扰（PSELFEXT）。

9）近端串扰衰减比（ACR）

是同一频率下近端串扰和衰减差值，用公式可表示为：ACR＝衰减的信号－近端串扰的噪声。它不属于 TIA/EIA-568B 标准的内容，但它对于表示信号和噪声串扰之间的关系有着重要的价值。为了达到满意的误码率，近端串扰以及信号衰减都要尽可能小。ACR 是一个数量指数指示器，表明了在接收端的衰减值与串扰值的比值。为了得到较好的性能，ACR 指数需要在几dB 左右。如果 ACR 不是足够大，将会频繁出现错误。在许多情况中，即使是在 ACR 值中的一个很小的提高也能有效地降低整个线路中的误码比率。

10）回波损耗（Return Loss）

回波损耗是布线系统中阻抗不匹配产生的反射能量，回波损耗对使用同时传输的应用尤其重要，以反射信号电平的对应分贝（dB）来表示。链路系统，包括其中的元器件，特性阻抗波动过大，就会产生回波损耗。另一方面，施工中不规范的操作也会引起不应有的回波损耗。

11）外部串扰（ANEXT）

最新的 IEEE802.3an 已将 10GBASE-T 列为正式标准。该标准规定了铜缆万兆带宽传输的各种细节。由于万兆非屏蔽铜缆传输信号频率非常高（500MHz 以上），外部线缆近端串扰（即外来线对串扰，ANEXT）影响更为严重，被认为是增加信道容量的最大限制因素。ANEXT 被定义为线缆中的一对线给相邻的另一对线带来的干扰。所有临近的线对之间也存在感应噪声干扰。除了线缆之外，配线架相邻的两个端口之间互相也存在着强烈的 ANEXT 干扰影响。

12）接点图（Wire Map）

接点图的测试是验证线路两端 RJ45 插头电缆芯连接对应关系。在接点方面，一般遵循的是 T568A 和 T568B 两种接法。这两种接法在性能上是没有区别的，但同一工程必须用采用同一种接法进行施工，接点图的故障类型一般包括：开路、短路、交叉、错对、串绕等。

（3）光缆链路的主要性能指标及测试方法

光纤线路在现场安装好后，可以用切断法测试全程衰减，将标准光源输出的光信号注入光纤线路，在线路末端以光功率计测量抬出光功率。然后在线路始端切断光纤，测量光源输出光功率，两者的差即光纤线路全程衰减，以 dB 表示。这种方法准确度高，需用设备简单，但测试时需切断原有光纤线路，所以是破坏性的试验方法。另一种非破坏性试验方法是根据背向散射原理，利用光时域反射计，也可测试全程衰减，还可测出衰减沿线路长度的分布、接头衰减等，操作方便，但准确度较低。

光缆链路的测量说明：

1）测量无被测光缆时的功率（设置参考值），如图 1-20 所示。

图 1-20　测量无被测光缆功率

2）连接被测光缆后重新测量（增加了一个适配器），如图 1-21 所示。

图 1-21　测量被测光缆功率

3）损耗是测量值与参考值的差值。

（4）光缆链路的关键指标

1）衰减

衰减是光在沿光缆传输过程中光功率的减少。对光缆网络总衰减的计算：光缆损耗（LOSS）是指光缆输出端的功率 Power-out 与发射到光缆时的功率 Powerin 的比值。

损耗是同光缆的长度成正比的，所以总衰减不仅表明了光缆损耗本身，还反映了光缆的长度。

光缆损耗因子（α）：为反映光缆衰减的特性，我们引进光缆损耗因子的概念。

按照相关规定，光纤衰减值在-28dB 以内都是正常的，越低越好。标志光缆布线系统的主要性能指标是"衰减"。它除与光链路品质，还与光信号的波长有关，链路越长，衰减越大。综合布线中对光纤信道和光纤的衰减值均有明确的要求。见表 1-1 和表 1-2。

光信道衰减限值　　　　　　　　　　表 1-1

信道	信道衰减限值（dB）			
	多模光纤		单模光纤	
	850nm	1300nm	1310nm	1550nm
OF-300	2.55	1.95	1.80	1.80
OF-500	3.25	2.25	2.00	2.00
OF-2000	8.50	4.50	3.50	3.50

注：光纤信道包括所有连接器件的衰减合计不应大于 1.5dB。

光纤衰减限值　　　　　　　　　　表 1-2

光纤类型	光纤衰减值（dB/km）						
	多模 OM1/OM2/OM3/OM4		单模 OS1		单模 OS2		
波长（nm）	850	1300	1310	1550	1310	1383	1550
衰减（dB）	3.5	1.5	1.0	1.0	0.4	0.4	0.4

2）回波损耗

反射损耗又称为回波损耗，它是指在光缆连接处，后向反射光相对输入光的比率的分贝数，回波损耗愈大愈好，以减少反射光对光源和系统的影响。

3）插入损耗

插入损耗是指光缆中的光信号通过活动连接器之后，其输出光功率相对输入光功率的比率的分贝数，插入损耗愈小愈好，插入损耗测试与回波损耗测试方法一样。

（5）系统测试记录

综合布线系统包括电缆系统电气性能测试及光纤系统性能测试，电缆系统测试项目应根据布线信道或链路的等级和布线系统的类别要求制定。各项测试结果应有详细记录，作为竣工资料的一部分。测试记录内容和形式参照见表1-3和表1-4。

**综合布线系统电缆（链路/信道）性能指标测试
记录表（样表）**　　　　　　　　　　　　表1-3

综合布线系统电缆（链路/信道）性能指标测试记录

工程项目名称

序号	编号			内容								记录
	地址号	线缆号	设备号	长度	接线图	衰减	特性阻抗	近端串扰	……	电缆屏蔽层连通情况	其他项目	
	测试日期、人员及测试仪表型号测试表精度											
	处理情况											

综合布线系统光纤（链路/信道）性能指标测试记录

工程项目名称

序号	编号			多模光纤				单模光纤				记录
	地址号	线缆号	设备号	850nm		1300nm		1310nm		1550nm		
				衰减	长度	衰减	长度	衰减	长度	衰减	长度	
测试日期、人员及测试仪表型号测试表精度												
处理情况												

6. 常见故障分析与排除

综合布线故障的排查是从故障现象出发，通过分析原因，确定故障点，排除故障，恢复正常运行的过程。常见故障判断及处理一般应遵循"先代通，后恢复；先机房，后终端；先主干，后支路；先高级，后低级"的维修原则。

根据故障现象及数据端口号查找相应配线架对应的端口号，检查交换机端口跳线连接是否松动，数据端口是否完好有效，确保跳线及端口工作正常。

检查信息插座（插头）工作是否正常，水晶头、接头等是否有虚接、虚焊现象。查找连接件及交接箱、分线箱各模块端口工作是否正常。

检查用户端工作区数据端口与用户终端连接是否正确，替换工作正常的用户终端进行测试，确认终端设备是否工作有效。

检查工作区到机房交换机间线缆是否正常，确定故障点再进行相应的线路维护。

光纤故障一般为区域性故障，涉及范围一般较广。常见的故障有光纤接头、终端盒受污染，光缆、跳线、尾纤中断等。

（三）卫星通信系统

1. 系统概述

卫星通信是空间无线通信的一种，它利用人造地球卫星作为中继站来转发无线电信号，实现两个或多个地球站之间进行通信。

在卫星通信中，通信卫星是微波通信的中继站，如图 1-22 所示。它的优点是容量大、可靠性高、通信成本与两站点之间的距离无关，传输距离远、覆盖面广、具有广播特征。缺点是一次性投资大、传输延迟时间长。同步卫星传输延迟的典型值为 270ms，而微波链路的传播延迟大约为 $3\mu s/km$，电磁波在电缆中的传播延迟大约为 $5\mu s/km$。

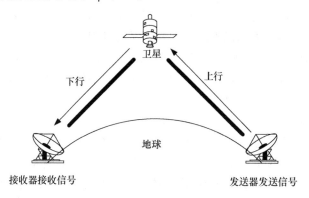

图 1-22　卫星通信

为满足通信区域的需要，人造卫星必须严格地在指定的轨道上运行。

（1）静止卫星通信系统

当卫星轨道呈圆形且在赤道平面上、卫星离地面 35786.6km、其飞行方向与地球自转方向相同，则从地面上任何一点看去，卫星是"静止"不动的，故称为静止卫星。利用静止卫星作为中继的通信系统，称为静止卫星通信系统，其优点是：

卫星视区（从卫星"看到"的地球区域）大，可达全球表面积 1/4，只需三颗卫星适当配置，就可建立除地球两极及附近地区以外的全球不间断通信。

卫星相对于地球站几乎是静止的，卫星只发生微小漂移，地球站天线易于保持对卫星的瞄准状态，无须复杂的跟踪系统。

卫星与地球站间相对运动产生的多普勒频移可以忽略，信号频率稳定，易于接收。

静止卫星也有一些缺点，主要是因离地球远而使得自由空间传输损耗大、信号时延长（单跳时延约 0.27ms）；地球两极附近用户难以利用其进行通信；轨道位置有限，因而可容纳的卫星数量受限。但是，它的优点更为突出，因而在卫星通信中得到了广泛应用。

（2）卫星通信频率选用

卫星通信的射频使用微波频段（300MHz～300GHz），除可获得通信容量大的优点外，主要是考虑到卫星处于外层空间（即在电离层之上），地面发射的电磁波必须能以较小的损耗穿透电离层才能到达卫星，从卫星到地球站的电磁波传播也是如此，而微波频段恰好具备这一条件。

卫星通信简单地说就是地球上（包括地面和低层大气中）的无线电通信站间利用卫星作为中继而进行的通信。卫星通信系统由卫星和地球站两部分组成。卫星通信的特点是通信范围大；只要在卫星发射的电波所覆盖的范围内，从任何两点之间都可进行通信；不易受陆地灾害的影响（可靠性高）；只要设置地球站电路即可开通（开通电路迅速）；同时可在多处接收，能经济地实现广播、多址通信（多址特点）；电路设置非常灵活，可随时分散过于集中的话务量；同一信道可用于不同方向或不同区间（多址联接）。

2. 系统架构

卫星通信系统由卫星端、地面端、用户端三部分组成。卫星端在空中起中继站的作用，即把地面站发上来的电磁波放大后再返送回另一地面站，卫星星体又包括两大子系统：星载设备和卫星母体。地面站则是卫星系统与地面公众网的接口，地面用户也可以通过地面站出入卫星系统形成链路，地面站还包括地面卫星控制中心，及其跟踪、遥测和指令站。用户段即是各种用户终端。如图 1-23 所示。

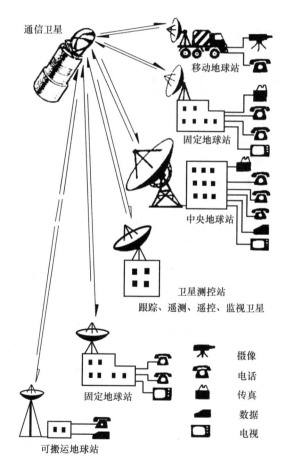

图 1-23　卫星通信架构

3. 弱电工程预留条件

（1）预留安装卫星接收天线的室外场地。

（2）预留安装卫星通信系统前端设备的机房。

（3）预留足够的电源功率。

（四）用户电话交换系统

1. 系统概述

用户电话交换机系统（private telephone switch system）是供用户自建专用通信网和建筑智能化通信系统中所使用的，并与公网连接的用户电话交换机、话务台、终端及辅助设备。

电话交换机系统从早期人工式、机械式、电子式交换机阶段，发展成为如今以计算机程序控制为主的程控数字交换阶段，不仅实现了数字语音通信，还能实现传真、数据、图像通信，构成了综合业务数据通信网。

2. 系统功能

适应建筑物的业务性质、使用功能、安全条件，并满足建筑物内语音、传真、数据等通信需求。

电话交换系统从早期的人工式、机械式、电子式交换阶段，发展成为如今以计算机程序控制为主的程控数字交换系统，不仅实现了数字语音通信，还能实现传真、数据、图像通信，构成为综合业务数字通信网。在弱电工程中，常以建筑物（建筑群）内部单位（政府办公单位、大中型企事业单位、宾馆酒店、高等院校等）专用的以语音通信为主的现代通信网，并以中继通信线路与城市电话公网相连接。因此，不少单位的电话具有"直线"与"内部"之分。

《用户电话交换系统工程设计规范》GB/T 50622 对用户电话交换系统的建设具有指导意义。

3. 系统架构

用户电话交换系统应由用户电话交换机、话务台、终端及辅助设备组成。用户电话交换机可分为 PBX、ISPBX、IPPBX、软交换用户电话交换机等。终端可分为 PSTN 终端、ISDN 终端、IP 终端等。用户电话交换机应根据用户使用业务功能需要，提供与终端、专网内其他通信系统、公网等连接的通信业务接口。

用户电话交换机按提供的业务分类，可分为 PBX、ISPBX、IPPBX、软交换用户电话交换机等类型。ISPBX 指窄带综合业务数字网中具有第二类网络终接功能的用户电话交换机；IPPBX 指支持互联网协议的用户电话交换机。各设备系统结构及接口示意如图 1-24～图 1-27 所示。

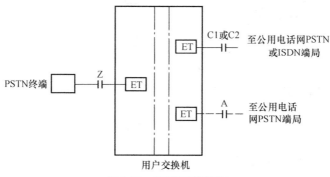

图 1-24　PBX 系统架构

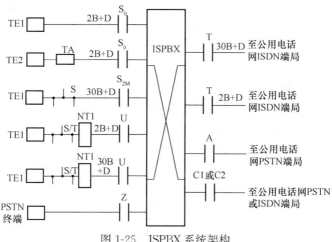

图 1-25　ISPBX 系统架构

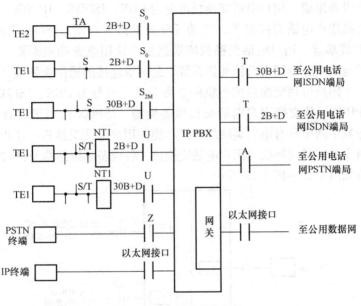

图 1-26　IPPBX 系统架构

（1）PBX 系统架构

PBX 系统即公司内部使用的电话业务网络，系统内部分机用户分享一定数量的外线。系统主要分为话路子系统和控制子系统。话路子系统主要负责信号的传输、转换和交换；控制子系统是系统的大脑，负责所有数据的计算、存储等。

（2）ISPBX 系统架构

公用 ISDN 的末端通信设备，不仅具有处理 ISDN 业务的性能，还具有数字程控用户交换设备的各种功能。基本功能包括原有电话用户交换机的功能和 ISDN 功能。

（3）IPPBX 系统架构

IPPBX 是一种基于 IP 的公司电话系统，系统可以完全将话音通信集成到公司的数据网络中，解决传统的电话系统维护费用昂贵，和员工分散工作的问题。为使所有通信畅通无阻，IT 管理员现在开始部署基于 IP 的公司电话系统 IPPBX。这些系统可

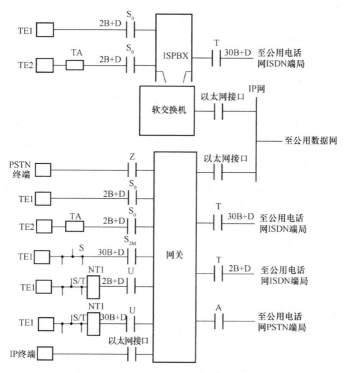

图 1-27 软交换用户电话交换机系统架构

以完全将话音通信集成到公司的数据网络中，从而建立能够连接分布在全球各地办公地点和员工的统一话音和数据网络。

（4）软交换用户电话交换机系统架构

软交换用户电话交换机包括软交换机和网关设备。其中，网关设备分为接入网关、中继网关、接入/中继网关、综合接入网关。接入网关可接 PSTN 终端、ISDN 终端；中继网关实现与公用电话网的中继器连接；接入/中继网关是接入网关和中继网关的混合网关类设备，即可带 PSTN 终端、ISDN 终端，并与公用电话网的中继器连接；综合接入网关相对于其他网关来说容量较小，可带 PSTN 终端、ISDN 终端和 IP 终端，也可以实现与公用电话网的中继器连接。一个软交换机可带一个或多个网关设备，多个网关设备可同址，也可异地。

4. 设备安装

对于用户交换机和网关安装所需线缆、安装工艺、设备材料应满足防护要求，如果不能满足，调度终端应加装防护箱。室内/室外终端设备出线孔、入线孔必须加装防水栓。

在设备间安装的 BD 配线架设备干线侧容量应与主干线的容量一致。设备侧的容量应与设备端口容量相一致或者管线配线侧的设备容量相同。

机房设备安装需要提前规划，安装位置合理，符合整体业务需求，具备灵活性、扩展性、美观性、易维护性，需要根据整体业务规划进行安装。

设备安装要求如下：

（1）机柜中设备应平行安装于自然 U 数内，设备过重挂耳无法保证设备水平安装，应考虑安装导轨或者托盘。

（2）机柜中设备安装宜按照自下向上，由重至轻的顺序安装。

（3）机柜中设备安装宜遵循系统设计逻辑性，符合网络系统的逻辑性。

（4）设备具备双电源供电的，应将电源线分别接入不同的 PDU。

（5）设备应进行接地处理。

（6）设备安装应考虑机柜的 PDU 负载。

5. 系统调试

系统调试应遵循产品操作手册注意事项，按照规范流程操作，避免出现设备因人为原因导致设备损坏显现。根据程控交换机调试文档进行调试系统功能。

常见需要实现的功能如下：

基本的音频、传真、数据；能够对用户的目的号码进行限制或接续；能够实现来电显示业务。扩展的功能包括：缩位拨号、热线服务、呼叫限制、免打扰、呼叫转移、呼叫等待、会议电话、闹钟服务、遇忙回叫、缺席服务器、三方通话、房间控制、房间状态、留言中心、自动叫醒等功能。

6. 常见故障分析与排除

（1）铃声异常

1）电话机挂机时铃响不断。一般是电话机振铃电路中的电容被击穿短路，使收铃器输入失去直流作用。挂机时外线直流外线馈电电压为振铃集成 IC 提供工作电源，所以挂机时铃响不断。一般只要更换打振铃电容就可以了。如果振铃电容没坏，应检查抑制电路板是否漏电或是否由于焊点处理不当而短路。

2）脉冲拨号时铃响。这是振铃输出变压的初、次级线圈相碰接引起的。这种故障是因为在电话机摘机后有直流馈电电流通过振铃集成 IC。在摘机后，其外线端电压较低，收铃器不会响铃，但当脉冲拨号时，脉冲电压幅度较大足以使收铃器发出铃响。检测振铃集成 IC 输出端部分的抑制电路板和焊点，如果没有相碰，则更换变压器就可以了。

3）铃声小。检查在收铃状态下集成 IC 的直流电压是否为 $25\sim27V$。若低于正常值较多，应检查输出耦合电容是否漏电或击穿短路，若电压基本正常，应检测输出衰减电阻阻值是否变大、开关、线圈是否局部短路，否则就是 IC 性能不良。

（2）无振铃

1）当整流桥中任意一只二极管断路后，桥式全波整流会变为半波整流，这是振铃电容只有充电回路而无放电回路，从而失去了充放电作用而不能通过交流电。可见，铃声电流不能通过振铃电容，以致振铃 IC 得不到电源而不能工作。

2）当电话机出现无振铃故障时，要在振铃状态下按以下步骤检查。

① 测量整流桥输入交流电压。正常时约为 60V；若接近 0V，应检测振铃电容和降压电阻是否断路，开关是否损坏或引线是否脱焊。

② 测量振铃 IC 的直流电压。正常时为 $25\sim27V$；若接近 0V，应检查整流、滤波电路是否被击穿短路，整流桥是否有二

极管损坏，否则就是振铃 IC 内部短路。

（3）铃响失真

1）电话机响铃时，只响一下，接机后听到拨号音，不能通话。这种故障的原因一般是压敏电阻 RV1 接触不良或参数改变。当铃响一下后，振铃电压使的 RV1 阻值下降，相当于电话机摘机，交换机自动切断铃流，此后，RV1 阻值又慢慢变大，使电话机恢复原来的挂机状态。所以只响一下铃，拿起手柄只能听到拨号音。只要换一只压敏电阻就可以了。此外抑制电路板受潮、氧化或漏电，也有可能出现这种故障。这时只要对电路板进行清洗烘干就可以了。

2）电话机响铃出现单音，即铃响出现连续的"嘟"声，这就是响铃失真故障。这种故障一般是超频振荡器频率不正常或停振引起的，应检测超低频振荡器及外接元件是否良好，超低频振荡器有无虚焊、短路等，否则就是超低频振荡器内部损坏。

3）铃声嘶哑是响铃失真故障，一般是超低频振荡器直流供电滤波不纯所致，应检测滤波电容是否失效或虚焊，否则就是超低频振荡器内部损坏。

（4）摘机后电话不通

1）当电话机只能收铃，不能送、受话时，电源定向电路的 4 只二极管中必有 1 只断路或短路。若摘机后，测量外线端直流电压约为 48V，把两根外线对调后电压变为 6～9V，则是电源定向电路中有 1 只二极管断路；如果摘机后测量外线直流电压接近 0V，把两根外线对调后电压为 6～9V，则是电源定向电路中有 1 只二极管击穿短路，更换损坏元件就可以了。

2）开关接触不良、引线脱焊或供电电路故障。

（五）信息网络系统

1. 系统概述

信息网络系统：通过通信介质，由操作者、计算机及其他外围设备等组成且实现信息收集、传递、存贮、加工、维护和使用的系统。弱电工程中的信息网络主要是建筑物或建筑群中计算机局域网。

信息网络系统一般根据建筑运营模式、业务性质、应用功能、环境安全条件及使用需求，进行系统组网的架构规划。同时，建立各类用户完整的公用和专用的信息通信链路，支撑建筑内多种类智能化信息的端到端传输，并成为建筑内各类信息通信安全传递的通道；系统可以适应数字化技术发展和网络化传输趋向，对智能化系统的信息传输，应按信息类别的功能性区分、信息承载的负载量分析、应用架构形式优化等要求进行处理，并应满足建筑智能化信息网络实现的统一性要求。网络拓扑架构应满足建筑使用功能的构成状况、业务需求及信息传输的要求。系统应根据信息接入方式和网络子网划分等配置路由设备，并应根据用户工作业务特性、运行信息流量、服务质量要求和网络拓扑架构形式等，配置服务器、网络交换设备、信息通信链路、信息端口及信息网络系统等；相应的信息安全保障设备和网络管理系统，建筑物内信息网络系统与建筑物外部的相关信息网互联时，应设置有效抵御干扰和入侵的防火墙等安全措施，采用专业化、模块化、结构化的系统架构形式，具有灵活性、可扩展性和可管理性。

2. 系统功能

根据承载业务的需要一般划分为业务信息网和智能化设施信息网，其中智能化设施信息网用于承载公共广播、信息引导及发布、视频安防监控、出入口控制、建筑设备监控等智能化系统设施信息，该信息网可采用单独组网或统一组网的系统架构，并根据各系统的业务流量状况等，通过 VLAN、QoS 等保障策略提供可靠、实时和安全的传输承载服务。

信息网络系统应包括物理线缆层、链路交换层、网络交换层、安全及安全管理系统、运行维护管理系统五个部分的设计及其部署实施。系统应支持建筑内语音、数据、图像等多种类信息的端到端传输，并确保安全管理、服务质量（QoS）管理、系统的运行维护管理等。

各类建筑或综合体建筑，核心设备应设置在中心机房；汇聚和接入设备宜设置在弱电（电信）间，核心、汇聚（若有）、接入等设备之间宜采用光纤布线。终端设备可以采用有线、无线或组合方式连接。

信息网络系统外联到其他系统，出口位置宜采用具有安全防护功能和路由功能的设备。系统网络拓扑架构应满足各类别建筑使用功能的构成状况、业务需求特征及信息传输要求。系统中的IP相关设备应同时支持 IPv4 和 IPv6 协议。系统中的 IP 相关设备应支持通过标准协议将自身的各种运行信息传送到信息设施管理系统。系统参考模型如图 1-28 所示。

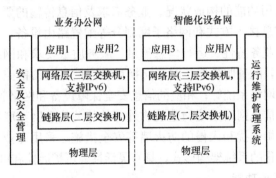

图 1-28　信息网络系统参考模型

各类业务信息网涉及等级保护的要求，一般根据系统应用的等级规定，严格遵照现行国家标准《信息安全技术　网络安全等级保护基本要求》GB/T 22239 相应等级的网络安全要求。

现代建筑的业务运行、运营及管理等与信息化管理核心设施的安全密切相关，如运行信息不能及时流通，或者被篡改、增删、破坏或窃用等造成的信息丢失、通信中断、业务瘫痪等，将会带来无法弥补的业务重大危害和巨大的经济损失等。而对于政府、金融等建筑，当今业务运行与信息化设施的不可分割的依赖性愈加显现，因此，加强网络安全建设的意义甚至关系到政府办公职能的信息安全、国家和人民的金融秩序等，对此应高度重视及严格管理。由此，在进行建筑智能化系统与建筑物外部城市信息网互联时，必须设置防御屏障，确保信息设施系统安全、稳定和可靠，通过标准协议将自身运行信息纳入信息设施运行管理系统。

3. 系统架构

在建筑和建筑群的弱电工程中常采用的信息网络有总线网络、以太网和无源 EPON 网络。

（1）总线网络

弱电工程中常见总线网络连接设备，使用一定长度的两芯或数芯电缆将系统设备连接在一起，简便易行，成本低廉。弱电工程中常用有 RS-232、RS-485、CAN、LON 等总线网络。

1）RS-232 总线

串行通信要求通信双方都采用一个标准接口，使不同的设备可以方便地连接起来进行通信。RS-232-C 接口是目前最常用的一种串行通信接口（其中的"C"表示 RS-232 的版本，常简称为 RS-232）。其全名为数据终端设备（DTE）和数据通信设备（DCE）之间串行二进制数据交换接口技术标准。该标准规定采用一个 25 脚的 DB-25 连接器，对连接器的每个引脚的信号内容和信号电平加以规定。后来 IBM 的 PC 机将 RS-232 简化成了 DB-9 连接器，从而成为事实标准。如图 1-29 所示为 RS-232 的 DB-9 引脚信号规定。

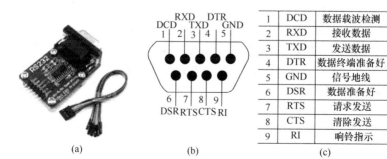

图 1-29　RS-232 引脚信号内容规定

（a）RS-232 实物示意；（b）RS-232 信息仅接口公头；（c）RS-232 引脚说明

RS-232 标准规定的数据传输速率为每秒 50、75、100、150、300、600、1200、2400、4800、9600、19200 波特，一般用于 20m 以内的通信。

2）RS-485 总线

RS-485 编程串口协议只定义了传输电压、阻抗等。RS-485 接口采用两线制，以电压差值定义逻辑"1"和"0"，两线间电压差＋2～＋6V 表示"1"，电压差－6～－2V 表示"0"。较低的电压值不易损坏接口电路的芯片，且该电平与 TTL 电平兼容，可方便与 TTL 电路连接。编程方式和普通串口编程相同，方便推广应用。

由于 RS-485 接口采用平衡驱动器和差分接收器组合，抗共模干扰能力强，具有良好抗噪声干扰性能，长的传输距离和多站能力等优点。

通信速率在 100kbps 及以下时，RS-485 接口最大传输距离可达 1219m。

理论上总线上允许连接多达 128 个收发器。实际应用中，允许挂接 32 个（包括主机和从机），以确保通信的可靠和稳定。用户可以利用单一的 RS-485 接口方便地建立起设备网络。

RS-485 总线以半双工网络实行异步串行、半双工传输方式，构成主从式结构系统，以主站轮询的方式进行通信。即在同一时刻，主机和从机只能有一个发送数据，而另一个只能接收数据。数据在串行通信过程中，以报文形式一帧一帧发送。

RS-485 总线一般采用对绞线缆。RS-485 接口总线规范布线必须以"手拉手"的形式连接，如图 1-30 所示。只有借助集线器或中继器方可作星形连接或树型连接。

图 1-30　RS-485 总线设备连接

RS-485 总线必须可靠接地，但必须"单点接地"，即整个总线上只能有一个点接地。

RS-485 总线因其布线简单，稳定可靠，编程与 RS-232 与普通串口编程相同，简单方便，因而得到广泛应用，特别在弱电工程的各类子系统中。

3）CAN 总线

CAN 是控制器局域网络（Controller Area Network，CAN）的简称，属二线制通信网络。

①CAN 协议

CAN 协议是 ISO 国际标准化的串行通信协议，其通信接口中集成了 CAN 协议的物理层和数据链路层功能，可完成通信数据的成帧处理，包括位充填、数据块编码、循环冗余检验、优先级判别等项工作。

②CAN 总线特点

首先，CAN 控制器工作于多主方式，网络中的各节点都可根据总线访问优先权（取决于报文标识符）采用无损结构逐位仲裁的方式竞争向总线发送数据，CAN 协议废除了节点地址编码，代之以对通信数据进行编码。可使不同节点同时接收到相同的数据，使得 CAN 总线构成的网络各节点之间的数据通信实时性强，并容易构成冗余结构，提高系统可靠性和灵活性。

其次，CAN 总线通过 CAN 收发器接口芯片 82C250 的两个输出端 CANH 和 CANL 与物理总线相连，CANH 端为高电平或悬浮状态，CANL 端为低电平或悬浮状态。这就保证不会出现系统有错误，不会因多节点同时向总线发送数据情况下导致总线短路，损坏某些节点，使总线处于"死锁"状态。

此外，CAN 总线在速率低于 5kbps 时通信距离最远可达10km；通信距离小于 40m 时通信速率可达到 1Mbps。CAN 总线传输介质可以是双绞线或同轴电缆。

CAN 总线适用于大数据量短距离或者长距离小数据量通信，实时性要求比较高，多主多从或者各个节点平等的现场中使用。弱电工程不少系统产品均以 CAN 总线联网。

4）LON 总线

LON 总线（Local Oprating Network）由 Echelon 公司推出，采用 OSI 全部 7 层通信协议，主要用于工业自动化、建筑设备自动化。

LON 总线中使用的 LonWorks 技术使用了开放式协议 Lon-TaLk，LonWorks 的核心嵌入式神经元芯片（Neuron Chip），是 LON 总线的通信处理器，用以网络互联操作。

LonWorks 技术主要由 LON 总线节点和路由器、Internet 连接设备、开放式的 LonTaLk 通信协议、LON 总线收发器、LON 总线网络和节点开发工具以及 LNS 网络服务工具和网络管理工具组成。

LON 总线主要具有如下特点：

① Neuron Chip 神经元芯片具有 3 个处理单元：一个用于链路层控制，一个用于网络层控制，另外一个用于用户的应用程序，同时具备通信与控制能力，并且固化了 ISO/OSI 全部 7 层通信协议以及 34 种常见的 I/O 控制对象。

② 采用 P-PCSMA（带预测 P-坚持载波监听多路访问）算法，在网络负载很重时不会导致网络瘫痪。

③ 网络通信采用了面向对象的设计方法，使网络通信设计简化为参数设置（网络变量 NV）。不仅减少了大量设计工作量，同时增加了通信的可靠性。

④ LonWorks 一个测控网络上的节点数可超过 32000 个。

⑤ 信号传输采用可变长帧结构，每帧的有效字节为 0～288 个。

⑥ LonWorks 技术的通信速度可达 1.25Mbps（130m），直接通信距离可达 2700m（双绞线，78kbps）。

⑦ 为不同通信介质提供不同收发器和路由器；LON-WEB 网关可以连接 INTERNEI。

⑧ 提供开发人员一个完整的开发平台，包括现场调试工具、协议分析、网络开发语言等。

弱电工程的建筑设备监控系统中常见 LON 总线的应用。

（2）计算机局域网（以太网）

1）以太网的概念

以太网（Ethernet）指的是由 Xerox 公司创建并由 Xerox、Intel 和 DEC 公司联合开发的基带局域网规范，是当今现有局域网采用最通用的通信协议标准。以太网络使用 CSMA/CD（载波监听多路访问及冲突检测）技术，后作为 802.3 标准为 IEEE 所采纳。包括标准以太网（10Mbps）、快速以太网（100Mbps）以及后来千兆以太网、万兆以太网，都符合 IEEE802.3 标准。

2）以太网结构

① 总线型拓扑结构

早期以太网多使用总线型的拓扑结构，采用同轴电缆作为传输介质，连接简单，在小规模网络中不需要专用的网络设备，所需的电缆较少、价格便宜。但管理成本高，不易隔离故障点。采用共享的访问机制，易造成网络拥塞。由于其存在的固有缺陷，逐渐被以集线器和交换机为核心的星形网络所代替。

② 星形拓扑结构

星形结构以太网采用专用的网络设备（集线器或交换机）作为核心节点，通过双绞线（或光纤）将局域网中各台主机连接到核心节点，这就形成了星形结构，如图 1-31 所示。

星形拓扑可以通过级联的方式很方便地将网络扩展到很大规模，因此得到了广泛应用，被绝大部分以太网所采用。

③网络交换机

星形以太网中的网络关键设备是交换机。网络交换机是一个扩大网络的设备，它能为网络中提供更多的连接端口，以使网络连接更多计算机及其他计算设备。

交换机（Switch）也叫交换式集线器，是一种工作在 OSI 第二层上的、基于 MAC（网卡的介质访问控制地址）识别、能完成封装转发数据包功能的网络设备。它通过对信息进行重新生成，并经过内部处理后转发至指定端口，具备自动寻址能力和交

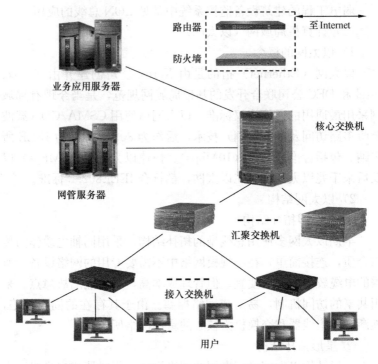

路由器
防火墙
至 Internet

业务应用服务器

核心交换机

网管服务器

汇聚交换机

接入交换机

用户

图 1-31　计算机局域网星形拓扑连接示意

换作用。交换机不懂 IP 地址，但它可以"学习"MAC 地址，并把其存放在内部地址表中，通过在数据帧的始发者和目标接收者之间建立临时的交换路径，使数据帧直接由源地址到达目的地址。

　　交换机上的所有端口均有独享的信道带宽，保证每个端口数据快速有效传输。由于交换机根据所传递信息包的目的地址，将每一信息包独立地从源端口送至目的端口，而不会向所有端口发送，避免了和其他端口发生冲突。因此，交换机可以同时互不影响地传送这些数据包，防止传输冲突，提高了网络实际吞吐量。

　　网络交换机按照不同应用场合、不同特性、不同结构可区分为多种类型。

从广义上来看，网络交换机分为两种：广域网交换机和局域网交换机。广域网交换机主要应用于电信领域，提供通信基础平台。而局域网交换机则多用于局域网络，用于连接终端设备，如PC机及网络打印机等。

按目前应用的复杂网络构成方式，网络交换机被划分为接入层交换机、汇聚层交换机和核心层交换机。其中，核心层交换机全部采用机箱式模块化设计，基本上都具有与之相配的1000Base-T模块。接入层支持1000Base-T的以太网交换机基本上是固定端口式交换机，以10/100M端口为主，固定端口或扩展槽方式提供1000Base-T上联端口。汇聚层1000Base-T交换机同时存在机箱式和固定端口式两种，可提供多个1000Base-T端口，一般也可以提供1000Base-X等其他形式的端口。接入层和汇聚层交换机共同构成完整的中小型局域网解决方案。

从规模应用上区分，有企业级交换机、部门级交换机和工作组交换机等。各厂商划分的尺度不完全一致。一般讲，企业级交换机都是机架式，部门级交换机可以是机架式，也可以是固定配置式，而工作组级交换机则一般为固定配置式，功能较为简单。另一方面，从应用的规模来看，作为骨干交换机时，支持500个信息点以上大型企业应用的交换机为企业级交换机，支持300个信息点以下中型企业的交换机为部门级交换机，而支持100个信息点以内的交换机为工作组级交换机。

按照最广泛的普通分类方法，局域网交换机还可以分为桌面型交换机（Desktop Switch）、工作组型交换机（Workgroup Switch）和园区网交换机（Campus Switch）三类。桌面型交换机是最常见的一种交换机，使用最广泛，尤其是在一般办公室、小型机房和业务受理较为集中的业务部门、多媒体制作中心、网站管理中心等部门。在传输速度上，现代桌面型交换机大都提供多个具有10/100M自适应能力的端口。工作组型交换机常用来作为扩充设备，在桌面型交换机不能满足需求时，大多直接考虑工作组型交换机。虽然工作组型交换机只有较少的端口数量，但却支持较多的 MAC 地址，并具有良好的扩充能力，端口的传输速度基本上为 100M。校园网交换机的应用相对较少，仅应用于大型网络，且一般作为网络的骨干交换机，具有快速数据交换能力和全双工能力，可提供容错等智能特性，还支持扩充选项及第三层交换中的虚拟局域网（VLAN）等多种功能。

④辅助设备

为保证局域网安全、顺畅地运行，还应根据不同应用需求配置必要的辅助设备，主要有：

网管服务器：网络管理服务器在网管软件的支持下负责对整个网络管理，检视网络上所有节点设备的运行状态和信息通信。一些网管软件还能够监控 QQ、MSN 的聊天、上网记录、收发邮件以及屏幕桌面等，还能过滤网址黑名单，禁止游戏娱乐软件运行，管理移动硬盘 U 盘光驱的使用，监视每一台设备的网速和流量等。此类网管服务器常见配置在政府管理部门、和一些企事业单位的局域网中。

路由器（Router）：又称路径器，是一种连接因特网的局域网、广域网的计算机网络设备。它会根据信道的情况自动选择和设定路由，以最佳路径、前后顺序发送信号。因此，路由器是互联网络的枢纽，是网络的"交通警察"。它工作在 OSI 模型的第三层——即网络层。

防火墙（Firewall）：由软件和硬件设备组合而成，位于内部网络与外部网络之间的网络安全系统。它依照特定的规则，允许或限制传输数据通过。防火墙主要由服务访问规则、验证工具、包过滤和应用网关 4 个部分组成。在网络中，防火墙将内部网和公众访问网（如 Internet）分开，实际上是一种隔离技术。防火墙是在两个网络通信时执行一种访问控制尺度，它能允许你"同意"的人和数据进入你的网络，同时将你"不同意"的人和数据拒之门外，最大限度地阻止网络中黑客来访问你的网络。换句话说，如果不通过防火墙，公司内部的人就无法访问 Internet，Internet 上的人也无法和公司内部的人进行通信。

⑤传输介质

网络设备之间连接介质通常为双绞线或光纤。网络连接介质在完成网络设计后确定，且必须与交换机接口相符。网络交换机接口类型常见有如图1-32所示。

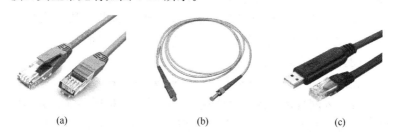

(a)   (b)   (c)

图1-32　网络交换机接口

(a) RJ-45接口线；(b) SC光纤接口线；(c) Console接口线

RJ-45接口：是目前最常见的网络设备接口，俗称"水晶头"，专业术语为RJ-45连接器，属双绞线以太网接口类型。

SC光纤接口：SC光纤接口在100Base-TX以太网已有应用，称为100Base-FX（F是Fiber的缩写），目前千兆网络在局域网中得到推广应用，光纤及SC光纤接口得到普遍重视。

FDDI接口：它是目前成熟的LAN技术中传输速率最高的一种，具有定时令牌协议的特性，支持多种拓扑结构，传输媒体为光纤，具有容量大、传输距离长、抗干扰能力强等多种优点，常用于城域网、校园环境的主干网、多建筑物网络分布的环境。FDDI接口在网络骨干交换机上较常见，随着千兆的普及，一些高端的千兆交换机上也开始使用这种接口。

Console接口：可进行网络管理的交换机上有一个"Console"接口，专门用于对交换机进行配置和管理的。通过Console口连接并配置交换机，是配置和管理交换机必须经过的步骤。因为其他方式的配置往往需要借助于IP地址、域名或设备名称才可以实现。Console接口是最常用、最基本的交换机管理和配置端口。在该端口的上方或侧方都会有类似"CONSOLE"

字样的标识。有些品牌的交换机的基本配置在出厂时就已配置好，不需要进行诸如 IP 地址、基本用户名之类的基本配置，这类网管型交换机就不用提供 FDDI 接口。Console 线分两种，一种是串行线，即两端均为串行接口（两端均为母头或一端为公头另一端为母头），两端可以分别插入计算机的串口和交换机的Console 端口；另一种是两端均为 RJ-45 接头的扁平线。

（3）无源光网（PON）

无源光网络（Passive Optical Network，PON），一种新型的光纤接入网技术，因其性能优越、高带宽、扩展性强、成本低廉，十分迅速得到推广和普及。PON 网络应用分为 EPON 和 GPON 两类。GPON 是用复杂的方式为全部业务提供完美的功能和性能支持，常用于骨干网。局域网中常采用以太网无源光网络（Ethernet Passive Optical Network，EPON）。顾名思义，EPON 就是利用 PON 网络结构实现以太网接入。2004 年 6 月 IEEE802.3EFM 工作组发布了 EPON 标准–IEEE802.3ah，2005 年并入 IEEE802.3-2005 标准。在该标准中，将以太网和 PON 技术结合，在物理层采用 PON 技术，在数据链路层使用以太网协议。

1）EPON 网络结构

EPON 网络的拓扑结构为树星形结构，如图 1-33 所示。EPON 网络主要由三类设备和器件：

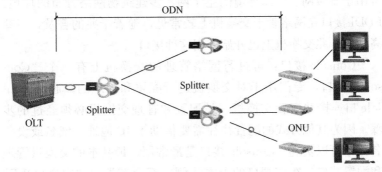

图 1-33　EPON 网络结构示意

① 光线路终端（Optical Line Terminal，OLT）

OLT 是连接光纤干线的终端设备，是重要的局端设备。OLT 放置在城域网边缘或社区接入网出口，收敛接入业务并分别传递到 IP 网。它以单根光纤与用户端的分光器互联，实现对用户端设备的控制、管理、测距。

OLT 除了提供业务汇聚的功能外，还集中了网络管理平台。在 OLT 上可以实现基于设备的网元管理以及基于业务的安全管理和配置管理。不仅可以监测、管理设备及端口，还可以进行业务开通和用户状态监测，而且还能够针对不同用户的 QoS/SLA 要求进行带宽分配。

② 光网络单元（Optical Network Unit，ONU）

ONU 配置于 EPON 网络的用户侧，接入用户终端设备。它提供数据、IPTV（交互式网络电视）、语音（使用 IAD，即 Integrated Access Device 综合接入设备）等业务，真正实现"triple-play"应用。

在 EPON 网络中，ONU 选择接收 OLT 发送的广播数据；响应 OLT 发出的测距及功率控制命令，并作相应调整；对用户以太网数据进行缓存，并在 OLT 分配的发送窗口中向上行方向发送数据。ONU 完全符合 IEEE802.3/802.3ah 标准。ONU 的接收灵敏度高达-25.5dBm，发送功率高达$-1\sim+4$dBm。

ONU 分为有源光网络单元和无源光网络单元。有源光网络单元主要应用于三网合一，实现三网融合终端设备接入。

③ 光分配网（Optical Distribution Network，ODN）

光分配网不含有任何电子器件及电子电源，ODN 全部由光分路器（Splitter，也称分光器）和光纤等无源器件组成，不需要有源电子设备。

光分路器的作用与同轴电缆传输系统中的耦合、分支、分配器件一样，将光信号由一路分成多路。分光器常用 $M \times N$ 来表示一个分路器有 M 个输入端和 N 个输出端。在光纤 CATV 系统中使用的光分路器一般都是 1×2、1×3 以及由它们组成的 $1 \times N$

光分路器。用于 PON 网络的分光器按功率分配形成规格，光分路器可表示为 $M×N$。在 FTTx 系统中，M 可为 1 或 2，N 可为 2、4、8、16、32、64、128 等。

因使用环境和安装方式区别，分光器封装方式有多种形式，诸如盒式分光器、机架式分光器、微型分光器、带插头尾纤型分光器、托盘式分光器、插片式光分路器等。

分光器性能指标以插入损耗值表示，其单位为 dB。$1×N$ 单模标准型光分路器插入损耗值如表 1-5 所示。

$1×N$ 单模标准型分光器插入损耗值参照表　　　　表 1-5

N	2	4	6	8	12	16
插入损耗（dB）	0.2	0.4	0.5	0.6	1.0	1.2

EPON 媒质的性质是共享媒质和点到点网络的结合。在下行方向，拥有共享媒质的连接性，而在上行方向，其行为特性就如同点到点网络。

2）EPON 传输原理

EPON 网络中由 OLT 至 ONU 的下行信号采用广播方式，ONU 发送信号采用 TDMA 时分复用方式送达 OLT。

OLT 可以随时发送数据给任意 ONU，在上行方向，OLT 在同一时间只能接收一个 ONU 的数据。上行通道把光纤信道的占用按一定时间长度分成时段，在每一个时段，只有一台 ONU 能够占用光纤向 OLT 发送数据，其余 ONU 则关闭激光器。OLT 通过发送控制数据包指定 ONU 发送数据的时段。

3）EPON 网络特点

如图 1-34 所示为两类网络接入社区时的不同架构。

EPON 无源光网络相较于交换机以太网具有显著的优点：

① 局端（OLT）与用户（ONU）之间仅有光纤、光分路器等光无源器件，设备机房、电源配备、维护人员显著减少，有效节省建设、运营和维护的成本。

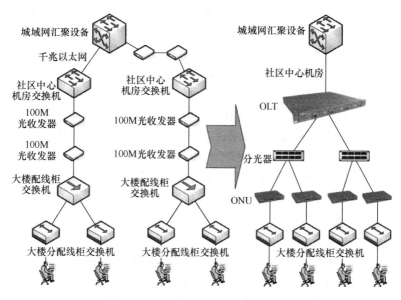

图 1-34 两类网络接入社区时的架构

② EPON 采用以太网传输格式，两者具有天然的融合性，消除了复杂的传输协议转换带来的成本因素。

③ 采用单纤波分复用技术（下行 1490nm，上行 1310nm），仅需一根主干光纤和一个 OLT，传输距离可达 20km。在 ONU 侧通过光分路器最多可分送给 32 个用户，大大降低 OLT 和主干光纤的成本压力。

④ 上下行均为千兆速率，下行采用针对不同用户加密广播传输的方式共享带宽，上行利用时分复用（TDMA）共享带宽。充分满足接入客户的带宽需求，并可方便灵活地按照用户需求的变化而动态分配带宽。

⑤ 点对多点的结构，只需增加 ONU 数量和少量用户侧光纤即可方便地对系统进行扩容升级，降低扩容投资。

⑥ EPON 具有同时传输 TDM、IP 数据和视频广播的能力，其中 TDM 和 IP 数据采用 IEEE802.3 以太网格式进行传输，辅

以全面的网管系统，保证传输质量。通过扩展第三个波长（通常为 1550nm）即可实现视频业务广播传输。

4. 设备安装

网络设备安装方式一般为机柜内设备安装，网络设备安装需要提前规划，安装位置合理，符合整体业务需求，同时根据业务类型规划进行安装。机柜中的设备应平行安装与自然 U 数内，设备过重挂耳无法保证设备水平安装，应考虑安装导轨或者托盘。机柜中设备安装一般按照自下向上，由重到轻的顺序。同时机柜中设备可遵循网络系统逻辑性。设备具备双电源应将电源线分别接入不同的 PDU。设备应进行接地处理。

5. 系统调试

网络系统调试是对网络知识综合运用的过程，根据系统设计，明确用户需求，对目标网络系统的功能、应用系统及其环境的理解和分析，考虑的网络分层分段、VLAN 策略、安全等方面。网络设备常见分为路由器、交换机两种类型。路由器主要承担路由选路功能，交换机承担局域网内部数据交换功能。调试主要包括 IP 地址的规划，交换机 VIAN 配置，路由器常用功能及 QoS 配置等。

（1）IP 地址划分

IP 地址是指互联网协议地址（Internet Protocol Address，又译为网际协议地址，是 IPAddress 的缩写），IP 地址是 IP 协议提供的一种统一的地址格式，它为互联网上的每一个网络和每一台主机分配一个逻辑地址，以此来屏蔽物理地址的差异。

1）IP 地址概念

常见的 IP 地址，分为 IPv4 与 IPv6 两大类。IPv4 地址是一个 32 位的二进制数，它由网络 ID 和主机 ID 两部分组成，用来在网络中唯一的标识的一台计算机。网络 ID 用来标识计算机所处的网段；主机 ID 用来标识计算机在网段中的位置。IP 地址通常用 4 组 3 位十进制数表示，中间用"．"分隔。比如 192.168.0.1。

随着信息技术的发展，IPv4 可用 IP 地址数目已经不能满足人们日常的需要，比如：计算机、笔记本、手机和智能化冰箱等。为了解决该问题开发了 IPv6 规范，IPv6 用 128 位表示 IP 地址，其表示为 8 组 4 位 16 进制数，中间为"："分隔。比如 AB32：33ea：89dc：cc47：abcd：ef12：abcd：ef12。

2）IP 地址类型

① 公有地址

公有地址（Public Address）由 InterNIC（Internet Network Information Center 因特网信息中心）负责。这些 IP 地址分配给注册并向 InterNIC 提出申请的组织机构。通过它直接访问因特网。

② 私有地址

私有地址（Private Address）属于非注册地址，专门为组织机构内部使用。

以下列出留用的内部私有地址：

A 类 10.0.0.0—10.255.255.255

B 类 172.16.0.0--172.31.255.255

C 类 192.168.0.0--192.168.255.255

3）IP 地址的分类

为了方便 IP 寻址将 IP 地址划分为 A、B、C、D 和 E 五类，每类 IP 地址对各个 IP 地址中用来表示网络 ID 和主机 ID 的位数作了明确的规定。当主机 ID 的位数确定之后，一个网络中是多能够包含的计算机数目也就确定，用户可根据企业需要灵活选择一类 IP 地址构建网络结构。

A 类地址用 IP 地址前 8 位表示网络 ID，用 IP 地址后 24 位表示主机 ID。A 类地址用来表示网络 ID 的第一位必须以 0 开始，其他 7 位可以是任意值，当其他 7 位全为 0 时网络 ID 最小，即为 0；当其他 7 位全为 1 时网络 ID 最大，即为 127。网络 ID 不能为 0，它有特殊的用途，用来表示所有网段，所以网络 ID 最小为 1；网络 ID 也不能为 127；127 用来作为网络回路测试用。所以 A 类网络 ID 的有效范围是 1～126 共 126 个网络，每个网络可以包含 $2^{24}-2$ 台主机（即 1677214 台主机）。

B 类地址用 IP 地址前 16 位表示网络 ID，用 IP 地址后 16 位表示主机 ID。B 类地址用来表示网络 ID 的前两位必须以 10 开始，其他 14 位可以是任意值，当其他 14 位全为 0 时网络 ID 最小，即为 128；当其他 14 位全为 1 时网络 ID 最大，第一个字节数最大，即为 191。B 类 IP 地址第一个字节的有效范围为 128～191，共 16384 个 B 类网络；每个 B 类网络可以包含 $2^{16}-2$ 台主机（即 65534 台主机）。

C 类地址用 IP 地址前 24 位表示网络 ID，用 IP 地址后 8 位表示主机 ID。C 类地址用来表示网络 ID 的前三位必须以 110 开始，其他 22 位可以是任意值，当其他 22 位全为 0 是网络 ID 最小，IP 地址的第一个字节为 192；当其他 22 位全为 1 时网络 ID 最大，第一个字节数最大，即为 223。C 类 IP 地址第一个字节的有效范围为 192～223，共 2097152 个 C 类网络；每个 C 类网络可以包含 $2^{8}-2$ 台主机（即 254 台主机）。

D 类地址用来多播使用，没有网络 ID 和主机 ID 之分，D 类 IP 地址的第一个字节前四位必须以 1110 开始，其他 28 位可以是任何值，则 D 类 IP 地址的有效范围为 224.0.0.0 到 239.255.255.255。

E 类地址保留实验用，没有网络 ID 和主机 ID 之分，E 类 IP 地址的第一字节前四位必须以 1111 开始，其他 28 位可以是任何值，则 E 类 IP 地址的有效范围为 240.0.0.0 至 255.255.255.254。其中 255.255.255.2555 表示广播地址。

在实际应用中，只有 A、B 和 C 三类 IP 地址能够直接分配给主机，D 类和 E 类不能直接分配给计算机。

4）网络 ID、主机 ID 和子网掩码

网络 ID 用来表示计算机属于哪一个网络，网络 ID 相同的计算机不需要通过路由器连接就能够直接通信，我们把网络 ID 相同的计算机组成一个网络称之为本地网络（网段）；网络 ID 不相同的计算机之间通信必须通过路由器连接，我们把网络 ID 不相同的计算机称之为远程计算机。

当为一台计算机分配 IP 地址后，该计算机的 IP 地址哪部分表示网络 ID，哪部分表示主机 ID，并不由 IP 地址所属的类来确定，而是由子网掩码确定。子网确定一个 IP 地址属于哪一个子网。

子网掩码的格式是以连续的 255 后面跟连续的 0 表示，其中连续的 255 这部分表示网络 ID；连续 0 部分表示主机 ID。比如子网掩码 255.255.0.0 和 255.255.255.0。

根据子网掩码的格式可以发现，子网掩码有 0.0.0.0、255.0.0.0、255.255.0.0、255.255.255.0 和 255.255.255.255 共五种。采用这种格式的子网掩码每个网络中主机的数目相差至少为 256 倍，不利于灵活根据企业需要分配 IP 地址。比如一个企业有 2000 台计算机，用户要么为其分配子网掩码为 255.255.0.0，那么该网络可包含 65534 台计算机，将造成 63534 个 IP 地址的浪费；要么用户为其分配 8 个 255.255.255.0 网络，那么必须用路由器连接这个 8 个网络，造成网络管理和维护的负担。

网络 ID 是 IP 地址与子网掩码进行与运算获得，即将 IP 地址中表示主机 ID 的部分全部变为 0，表示网络 ID 的部分保持不变，则网络 ID 的格式与 IP 地址相同都是 32 位的二进制数；主机 ID 就是表示主机 ID 的部分。

例如 IP 地址：192.168.55.17，子网掩码：255.255.0.0
网络 ID：192.168.0.0，主机 ID：55.17
IP 地址：192.168.55.17，子网掩码：255.255.255.0
网络 ID：192.168.23.0，主机 ID：35

5）子网和 CIDR

将常规的子网掩码转换为二进制，将发现子网掩码格式为连续的二进制 1 跟连续 0，其中子网掩码中为 1 的部分表示网络 ID，子网掩码中为 0 的表示主机 ID。比如 255.255.0.0 转换为二进制为 11111111111111110000000000000000。

采用这种方案的 IP 寻址技术称之为无类域间路由（CIDR）。CIDR 技术用子网掩码中连续的 1 部分表示网络 ID，连续的 0 部分表示主机 ID。比如网络中包含 2000 台计算机，只需要用 11 位表示主机 ID，用 21 位表网络 ID，则子网掩码表示为 11111111.11111111.11100000.00000000，转换为十进制则为 255.255.224.0。此时，该网络将包含 2046 台计算机，既不会造成 IP 地址的浪费，也不会利用路由器连接网络，增加额外的管理维护量。

CIDR 表示方法：IP 地址/网络 ID 的位数，比如 192.168.55.17/21，其中用 21 位表示网络 ID。

（2）交换机 VLAN 配置

1）VLAN 概述

VLAN（Virtual Local Area Network）即虚拟局域网，是将一个物理的 LAN 在逻辑上划分成多个广播域的通信技术。以太网是一种基于载波侦听多路访问冲突检测 CSMA/CD（Carrier Sense Multiple Access/Collision Detection）的共享通信介质的数据网络通信技术。当主机数目较多时会导致冲突严重、广播泛滥、性能显著下降甚至造成网络不可用等问题。通过交换机实现 LAN（Local Area Network）互连虽然可以解决冲突严重的问题，但仍然不能隔离广播报文和提升网络质量。

在这种情况下出现了 VLAN 技术，这种技术可以把一个 LAN 划分成多个逻辑 VLAN。每个 VLAN 是一个广播域，VLAN 内的主机间通信就和在一个 LAN 内一样，而 VLAN 间则不能直接互通，广播报文就被限制在一个 VLAN 内。

如图 1-35 所示是一个典型的 VLAN 应用组网。两台交换机放置在不同的地点，比如写字楼的不同楼层。每台交换机分别连接两台计算机，这四台分别属于两个不同的 VLAN，比如不同的企业客户。在图 1-35 中，一个虚线框内表示一个 VLAN。

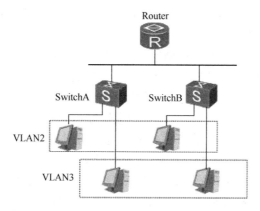

图 1-35　VLAN 示意

2）基于端口 VLAN 划分

将设备中的某些接口定义为一个单独的区域，将指定接口加入到指定 VLAN 中之后，接口就可以转发指定 VLAN 报文。从而实现 VLAN 内的主机可以直接通信，而 VLAN 间的主机不能直接互通，将广播报文限制在一个 VLAN 内。同一个 VLAN 的用户主机被连接在不同的交换机上。当 VLAN 跨越交换机时，就需要交换机间的接口能够同时识别和发送跨越交换机的 VLAN 报文。这时，需要用到 TrunkLink 技术。

配置思路：需要先创建 VLAN、配置接口的类型，然后将 VLAN 和接口关联。

如果以太网接口直接与终端连接，该接口类型可以是 Access 类型，也可使用 Hybrid。如果以太网接口与另一台交换机设备的接口连接，该接口类型可以是 Trunk 类型，也可使用 Hybrid。

3）端口类型介绍

交换机端口有三种类型，分别为 Access 用户模式、Trunk 链路模式和 Hybrid 模式。Access 类型端口只允许默认 VLAN 的以太网帧，也就是说只能属于一个 VLAN，Access 端口在收到以太网帧后打上VLAN标签，转发时再剥离VLAN标签，一般情况下一端连接的是计算机。Trunk类型端口可以允许多个VLAN通过，可以接受并转发多个VLAN的报文，一般作用于交换机之间连接的端口，在网络的分层结构方面，Trunk被解释为"端口聚合"，就是把多个物理端口捆绑在一起作为一个逻辑端口使用，作用可以扩展带宽和做链路的备份。Hybrid类型的端口跟Trunk类型端口很相似，也是可以允许多个VLAN通过，可以接收和发送多个VLAN的报文，可以作用于交换机之间，也可以作用于连接用户的计算机端口上，跟Trunk端口不同的是，Hybrid端口可以允许多个VLAN发送时不打标签，而Trunk端口只允许缺省VLAN的报文发送时不打标签。

为了提高处理效率，交换机内部的数据帧一律都带有VLANTag，以统一方式处理。当一个数据帧进入交换机接口时，如果没有带VLANTag，且该接口上配置了PVID（Port Default VLANID），那么，该数据帧就会被标记上接口的PVID。如果数据帧已经带有VLANTag，那么，即使接口已经配置了PVID，交换机不会再给数据帧标记VLANTag。

4）链路聚合

① 链路聚合概述

链路聚合（Link Aggregation）是将一组物理接口捆绑在一起作为一个逻辑接口来增加带宽和可靠性的一种方法。链路聚合组LAG（Link Aggregation Group）是指将若干条以太链路捆绑在一起所形成的逻辑链路，简写为Eth-Trunk。

随着网络规模不断扩大，用户对链路带宽和可靠性提出越来越高的要求。在传统技术中，常用更换高速率的接口板或更换支持高速率接口板的设备的方式来增加带宽，但这种方案需要付出高额的费用，而且不够灵活。

采用链路聚合技术可以在不进行硬件升级的条件下，通过将多个物理接口捆绑为一个逻辑接口，实现增加链路带宽的目的。链路聚合的备份机制能有效提高可靠性，同时，还可以实现流量在不同物理链路上的负载分担。

如图 1-36 所示,DeviceA 与 DeviceB 之间通过三条以太网物理链路相连,将这三条链路捆绑在一起,就成为一条 Eth-Trunk逻辑链路,这条逻辑链路的带宽等于原先三条以太网物理链路的带宽总和,从而达到了增加链路带宽的目的;同时,这三条以太网物理链路相互备份,有效地提高了链路的可靠性。

图 1-36　链路聚合示意

② 设备支持的链路聚合特性

设备支持手工负载分担和 LACP(Link Aggregation Control Protocol)两种链路聚合模式。

手工负载分担模式下,Eth-Trunk 的建立、成员接口的加入完全由手工来配置。

该模式下所有活动链路都参与数据的转发,平均分担流量,因此称为负载分担模式。如果某条活动链路故障,链路聚合组自动在剩余的活动链路中平均分担流量。手工负载分担模式通常应用在对端设备不支持 LACP 协议的情况下。

LACP 模式是一种利用 LACP 协议进行聚合参数协商、确定活动接口和非活动接口的链路聚合方式。该模式下,需手工创建 Eth-Trunk,手工加入 Eth-Trunk 成员接口,由 LACP 协议协商确定活动接口和非活动接口。

LACP 模式也称为 M∶N 模式。这种方式同时可以实现链路负载分担和链路冗余备份的双重功能。在链路聚合组中 M 条链路处于活动状态,这些链路负责转发数据并进行负载分担,另外 N 条链路处于非活动状态作为备份链路,不转发数据。当 M条链路中有链路出现故障时,系统会从 N 条备份链路中选择优先级最高的接替出现故障的链路,并开始转发数据。

ACP 模式与手工负载分担模式的主要区别为:LACP 模式

有备份链路，而手工负载分担模式所有成员接口均处于转发状态，分担负载流量。

5）路由器常用功能

① 静态路由概述

当网络结构比较简单时，配置静态路由可以方便地实现网络设备互通。在复杂的大型网络中，由于静态路由不随网络拓扑变化而变化，所以使用静态路由可为重要的应用保证带宽。

② 设备支持的静态路由特性

设备支持的静态路由特性有 IPv4 静态路由、IPv6 静态路由、静态缺省路由、IPv4 静态路由与 BFD 联动。IPv4 静态路由和 IPv6 静态路由需要管理员手工配置，用于实现结构简单网络中设备的互通和保证网络中重要应用的带宽。

③ 静态缺省路由

如果报文目的地址不能与路由表的任何入口项相匹配，则该报文将选取缺省路由。如果没有缺省路由且报文的目的地址不在路由表中，则该报文将被丢弃，并向源端返回一个 ICMP 报文，报告该目的地址或网络不可达。

6）QoS 功能配置

① QoS 概述

QoS（Quality of Service，服务质量）指一个网络能够利用各种基础技术，为指定的网络通信提供更好的服务能力，是网络的一种安全机制，是用来解决网络延迟和阻塞等问题的一种技术。对于网络业务，服务质量包括传输的带宽、传送的时延、数据的丢包率等。在网络中可以通过保证传输的带宽、降低传送的时延、降低数据的丢包率以及时延抖动等措施来提高服务质量。

网络中的通信是由各种应用流组成的，这些应用对网络服务和性能的要求各不相同，比如 FTP 下载业务希望能获取尽量多的带宽，而 VoIP 语音业务则希望能保证尽量少的延迟等。但是所有这些应用的特殊要求又取决于网络所能提供的 QoS 能力，根据网络对应用的控制能力的不同，可以把网络 QoS 能力分为以下三种等级：

a）尽力而为的服务

只提供基本连接，对于分组何时以及是否被传送到目的地没有任何保证，并且只有当路由器输入/输出缓冲区队列耗光时分组才会被丢弃。拥塞管理中的 FIFO（First In First Out，先进先出）队列其实就是一种尽力而为的服务。尽力而为的服务实质上并不属于 QoS 的范畴，因为在转发尽力而为的通信时，并没有提供任何服务或传送保证。

b）区分服务

在区分服务中，根据服务要求对通信进行分类。网络根据配置好的 QoS 机制来区分每一类通信，并为之服务。这种提供 QoS 的方案通常称作 CoS。区分服务本身并不提供服务保证，它只是区分通信，从而优先处理某种通信，因此这种服务也叫作软 QoS。区分服务一般用来为一些重要的应用提供端到端的 QoS，它通过下列技术来实现：

流量标记与控制技术：它根据报文的 ToS 或 CoS 值（对于 IP 报文是指 IP 优先级或者 DSCP 等）IP 报文的五元组（协议、源地址、目的地址、源端口号、目的端口号）等信息进行报文分类，完成报文的标记和流量监管。目前实现流量监管技术多采用令牌桶机制。拥塞管理与拥塞避免技术：WRED、PQ、CQ、WFQ、CBWFQ 等队列技术对拥塞的报文进行缓存和调度，实现拥塞管理与拥塞避免。

c）保证服务

保证服务需要预留网络资源，确保网络能够满足通信流的特定服务要求。保证服务因此也称作硬 QoS，因为它能够对应用提供严格的服务保证。

保证服务是通过信令（signal）来完成的，应用程序首先通知网络它自己的流量参数和需要的特定服务质量请求，包括带宽、时延等，应用程序一般在收到网络的确认信息，即确认网络已经为这个应用程序的报文预留了资源后，才开始发送报文。同时应用程序发出的报文应该控制在流量参数描述的范围以内。负责完成保证服务的信令为 RSVP（Resource Reservation Protocol，资源预留协议），它通知路由器应用程序的 QoS 需求。RSVP 是在应用程序开始发送报文之前来为该应用申请网络资源的，所以是带外（out-bind）信令。保证服务要求为单个流预先保留所有连接路径上的网络资源，而当前在 Internet 主干网络上有着成千上万条应用流，保证服务如果要为每一条流提供 QoS 服务就变得不可想象了。

② QoS 分类

Classifying 即分类，其过程是根据信任策略或者根据分析每个报文的内容来确定将这些报文归类到以 CoS 值来表示的各个数据流中，因此分类动作的核心任务是确定输入报文的 CoS 值。分类发生在端口接收输入报文阶段，当某个端口关联了一个表示 QoS 策略的 Policy-map 后，分类就在该端口上生效，它对所有从该端口输入的报文起作用。

a）协议

根据协议对数据包进行识别和优先级处理可以降低 QoS 延迟。应用可以通过它们的 EtherType 进行识别。例如，AppleTalk 协议采用 0x809B，IPX 使用 0x8137。根据协议进行优先级处理是控制或阻止协议的一种方法。

b）TCP 和 UDP 端口号码

许多应用都采用一些 TCP 或 UDP 端口进行通信，如 HTTP 采用 TCP 端口 80。通过检查 IP 数据包的端口号码，智能网络可以确定数据包是由哪类应用产生的，这种方法也称为第四层交换，因为 TCP 和 UDP 都位于 OSI 模型的第四层。

c）源 IP 地址

许多应用都是通过其源 IP 地址进行识别的。由于服务器有时是专门针对单一应用而配置的，如电子邮件服务器，所以分析数据包的源 IP 地址可以识别该数据包是由什么应用产生的。当识别交换机与应用服务器不直接相连，而且许多不同服务器的数据流都到达该交换机时，这种方法就非常有用。

d) 物理端口号码

与源 IP 地址类似，物理端口号码可以指示哪个服务器正在发送数据。这种方法取决于交换机物理端口和应用服务器的映射关系。虽然这是最简单的分类形式，但是它依赖于直接与该交换机连接的服务器。

③ QoS 策略

Policing 即策略，发生在数据流分类完成后，用于约束被分类的数据流所占用的传输带宽。Policing 动作检查被归类的数据流中的每一个报文，如果该报文超出了作用于该数据流的 Police 所允许的限制带宽，那么该报文将会被做特殊处理，它或者要被丢弃，或者要被赋予另外的 DSCP 值。

在 QoS 处理流程中，Policing 动作是可选的。如果没有 Policing 动作，那么被分类的数据流中的报文的 DSCP 值将不会做任何修改，报文也不会在送往 Marking 动作之前被丢弃。

④ QoS 标识

Marking 即标识，经过 Classifying 和 Policing 动作处理之后，为了确保被分类报文对应 DSCP 的值能够传递给网络上的下一跳设备，需要通过 Marking 动作将为报文写入 QoS 信息，可以使用 QoSACLs 改变报文的 QoS 信息，也可以使用 Trust 方式直接保留报文中 QoS 信息，例如选择 TrustDSCP 从而保留 IP 报文头的 DSCP 信息。

⑤ QoS 队列

Queueing 即队列，负责将数据流中报文送往端口的某个输出队列中，送往端口的不同输出队列的报文将获得不同等级和性质的传输服务策略。

每一个端口上都拥有 8 个输出队列，通过设备上配置的 DSCP-to-CoSMap 和 Cos-to-QueueMap 两张映射表来将报文的 DSCP 值转化成输出队列号，以便确定报文应该被送往的输出队列。

⑥ QoS 调度

Scheduling 即调度，为 QoS 流程的最后一个环节。当报文被送到端口的不同输出队列上之后，设备将采用 WRR 或者其他算法发送 8 个队列中的报文。

可以通过设置 WRR 算法的权重值来配置各个输出队列在输出报文的时候所占用的每循环发送报文个数，从而影响传输带宽。或通过设置 DRR 算法的权重值来配置各个输出队列在输出报文的时候所占用的每循环发送报文字节数，从而影响传输带宽。

6. 网络系统测试

系统测试是网络系统部署中一个十分重要的阶段。其重要性体现在它是保证系统质量和可靠性。一般测试分为以下几个方面，实际项目中根据网络和业务特点自行调整。计算机网络系统性能指标主要包括系统连通性、链路传输速率、吞吐率、传输时延及链路层健康状况指标。

（1）系统连通性

所有联网的终端都应按使用要求全部连通。

1）网管工作站应能够和任何网络设备通信。

2）各用户间通信，允许通信的计算机之间可以进行资源共享和信息交换。

3）各用户间通信，不允许通信的计算机之间无法通信。

（2）链路传输速率

链路传输速率是指设备间通过网络传输数字信息的速率。对于 10M 以太网，单向最大传输速率应达到 10Mbps；对于 100M 以太网，单向最大传输速率应能达到 100Mbps；对于 1000M 以太网，单向最大传输速率应能达到 1000Mbps；对于 1G 以太网，单向最大传输速率应能达到 1Gbps。发送端口和接收端口的利用率关系应符合表 1-6 的规定。

网络类型	全双工交换式以太网		共享式以太网/半双工交换式以太网	
	发送端口利用率	接收端口利用率	发送端口利用率	接收端口利用率
10M 以太网	100%	≥99%	50%	≥45%
100M 以太网	100%	≥99%	50%	≥45%
1000M 以太网	100%	≥99%	50%	≥45%
1G 以太网	100%	≥99%	50%	≥45%

注：链路传输速率＝以太网标称速率×接收端利用率

（3）吞吐率

吞吐率是指空载网络在没有丢包的情况下，被测网络链路所能达到的最大数据包转发速率。

吞吐率检测需按照不同帧长度（包括 64、128、256、512、1024、1280、1518 字节）分别进行测量。系统在不同帧大小情况下，从两个方向测得的最低吞吐率应符合表 1-7 规定。

计算机网络系统的吞吐率要求　　表 1-7

检测帧长（字节）	10M 以太网		100M 以太网		1000M 以太网		1G 以太网	
	帧/秒	吞吐率	帧/秒	吞吐率	帧/秒	吞吐率	帧/秒	吞吐率
64	≥14731	99%	≥104166	70%	≥1041667	70%		
128	≥8361	99%	≥67567	80%	≥633446	75%		
256	≥4483	99%	≥40760	90%	≥362318	80%		
512	≥2326	99%	≥23261	99%	≥199718	85%		
1024	≥1185	99%	≥11853	99%	≥107758	90%		
1280	≥951	99%	≥9519	99%	≥91345	95%		
1518	≥804	99%	≥8046	99%	≥80461	99%		

（4）传输时延

传输时延是指数据包从发送端口（地址）到目的端口（地址）所需经历的时间。通常传输时延与传输距离、经过的设备和带宽的利用率有关。在网络正常情况下，传输时延应不影响各种业务（如视频点播、基于 IP 的语音/VoIP、高速上网等）的使用。

考虑到发送端检测工具和接收端检测工具实现精确时钟同步的复杂性，传输时延一般通过环回方式进行测量，单向传输时延为往返时延除以 2。计算机网络系统在 1518 字节帧长情况下，从两个方向测得的最大传输时延应不超过 1ms。

（5）丢包率

丢包率是由于网络性能问题造成部分数据包无法被转发的比例。在进行丢包率检测时，需按照不同的帧长度（包括 64、128、256、512、1024、1280、1518 字节）分别进行测量，测得的丢包率应符合表 1-8 的规定。

丢包率要求 表 1-8

检测帧长 （字节）	10M 以太网		100M 以太网		1000M 以太网		1G 以太网
	流量 负荷	丢包率	流量 负荷	丢包率	流量 负荷	丢包率	
64	70%	≤0.1%	70%	≤0.1%	70%	≤0.1%	
128	70%	≤0.1%	70%	≤0.1%	70%	≤0.1%	
256	70%	≤0.1%	70%	≤0.1%	70%	≤0.1%	
512	70%	≤0.1%	70%	≤0.1%	70%	≤0.1%	
1024	70%	≤0.1%	70%	≤0.1%	70%	≤0.1%	
1280	70%	≤0.1%	70%	≤0.1%	70%	≤0.1%	
1518	70%	≤0.1%	70%	≤0.1%	70%	≤0.1%	

（6）以太网链路层健康状况指标

1）链路利用率

指网络链路上实际传送的数据吞吐率与该链路所能支持的最大物理带宽之比。

链路的利用率包括最大利用率和平均利用率。最大利用率的值同检测统计采样间隔有一定的关系，采样间隔越短，则越能反映出网络流量的突发特性，因此最大利用率的值就越大。对于共享式以太网和交换式以太网，链路的持续平均利用率应符合表1-9的规定。

2）错误率及各类错误

错误率指网络中所产生的各类错误帧占总数据帧的比率。

常见的以太网错误类型包括长帧、短帧、有FCS错误的帧、超长错误帧、欠长帧和帧对齐差错帧，网络的错误率（不包括冲突）应符合表1-9的规定。

3）广播帧和组播帧

在以太网中，广播帧和组播帧数量应符合表1-9的要求。

4）冲突（碰撞）率

处于同一网段的两个站点如果同时发送以太网数据帧，就会产生冲突。冲突帧指在数据帧到达目的站点之前与其他数据帧相碰撞，而造成其内容被破坏的帧。共享式以太网和半双工交换式以太网传输模式下，冲突现象是极为普遍的。过多的冲突会造成网络传输效率的严重下降。

冲突帧同发送的总帧数之比，称为冲突（或碰撞）率。一般情况下，网络的碰撞率应符合表1-9的规定。

链路的健康状况指标要求　　　　　表1-9

检测指标	技术要求	
	共享式以太网/半双工交换式以太网	全双工交换式以太网
链路平均利用率（带宽％）	≤40	≤70

检测指标	技术要求	
	共享式以太网/半双工 交换式以太网	全双工交换式 以太网
广播率（帧/秒）	≤50	≤50
组播率（帧/秒）	≤40	≤40
错误率（占总帧数%）	≤1	≤1
冲突（碰撞）率（占总帧数%）	≤5	0

7. 常见故障分析与排除

（1）网络环路

现象：网络中用户反映卡顿较为严重，部分 PC 出现 CPU、网卡使用率非常高。

处理方法：隔离法

（2）IP 地址冲突

现象：ping 设备均正常，访问数据时通时断，摄像机反映出跳画面。

处理方法：确定设备更改其中一台设备 IP 地址。

（3）MAC 地址冲突

现象：设备单台可以在线，多台设备只能 1 台在线。

处理方法：设备厂家重新烧录 MAC 地址。

（4）ARP 攻击

现象：设备地址配置均正确，但是无法进行通信，或者时通时断。

处理方法：查看各台设备 MAC 地址，将设备进行 MAC 地址绑定，查找 ARP 攻击源，查杀 ARP 病毒。

（5）交换机配置错误

现象：设备地址配置正确无法通信。

处理方法：根据需求检查交换机配置。

（6）设备地址配置错误

现象：设备无法通信。

处理方法：根据需求检查设备地址、掩码、网关是否正确。

（六）有线电视及卫星电视接收系统

1. 有线电视系统

（1）系统概述

有线电视，因无线电得名。有线电视的电视信号通过线缆传输，故亦称电缆电视（CATV）。它先后经历了共用天线电视系统、电缆电视系统和有线电视系统三个发展阶段。近些年随着有线电视技术的不断进步，CATV 呈现出了光纤化、数字化、双向传输的趋势。同时，在有线电视光纤网上架构 IP 宽带网，构成"三网合一"的宽带综合信息网已经得以实现。

我国各地有线电视发展都是由最初居民楼共用天线、闭路电视，发展到小区有线电视互连，进而整个城域（行政辖区）有线电视互连。1990 年以后，我国有线电视从各自独立、分散的小网络，向以省、地市（县）为中心的省级干线和城域联网发展，业已成为全球第一大有线电视网。

当前，弱电工程涉及的有线电视系统，是指在建筑物（或建筑群）内建立的用户分配网，接入城市有线电视网，成为城市有线电视网组成部分，满足用户收视城市有线电视节目需求。

（2）系统架构

1）模拟型有线电视系统用户分配网

原先模拟型有线电视网络是以传输模拟电视信号以视频载波信号的单向广播方式为主的高频宽带传输系统。其传输信号频率自 48.5～1000MHz。

双向传输的有线电视可在同一根电缆上同时向两个方向传输不同信号，并实行邻频传输。按照《有线电视广播系统技术规范》GY/T 106—1999 的规定，我国同轴电缆双向传输系统采用 65/87MHz 分割方式，将 5～65MHz 共 60MHz 带宽的频率资源分配给上行线路，将 87MHz 以上至 1000MHz 的频率资源分配给下行线路，65～87MHz 共 22MHz 的带宽作隔离使和 FM 调频广播使用。

有线电视接入前端将城市有线电视信号送达建筑物或建筑群，一般均以光缆接入，所以也称"接入光站"。光站输出的有线电视信号为射频信号，传输系统为建筑物（或建筑群）内有线电视分配网，结构如图 1-37 所示。

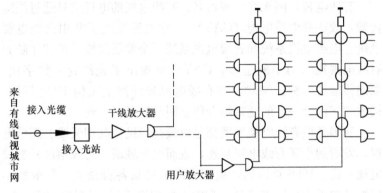

图 1-37 模拟型有线电视分配系统

系统中主要采用射频分配、分支器将有线电视信号均匀地传送至每一个用户终端。当信号强度不足时，还配置射频放大器予以放大。双向系统中使用的放大器是射频双向放大器，系统内的分配、分支器也具有双向性能，不但具有向下传输电视节目的功能，还具有上行传输用户信息的作用。为保证传输信号的质量，用户分配网中的放大器不宜进行三级以上级联。

2）数字有线电视网络

当前，城市有线电视系统正由模拟型迅速向数字型转变，因此建筑物内有线电视用户分配网也随之改变。

如图 1-38 所示为某城市有线电视采用的 RF 混合两纤三波组网方案。

由图可知，该网络实际是广电网络和电信网络两个网络的组合。除前端具有两个不同业务部分外，通过城域网传输后，进入用户区的两根光纤各有不同作用。一根光纤用以传输广播电视节目和VOD点播节目，用户接收终端是电视机；另一根光纤通过OLT、分光器和ONU组成一个典型的EPON计算机局域网，用户终端是计算机和电话机。用户端的机顶盒内也由电视节目光接收机与计算机光网终端ONU的混合。

接入网也由两部分组合而成：一根光纤是传输数字视频信号的广播式传输光网，前端光站接收城域网送来的数字电视和VOD电视的光信号进行放大并经发射机发送至本地无源光网络传输至用户端，用户机顶盒内CATV接收机接收并转换成电信号送至用户电视接收机。另一根光纤由OLT、ODN和内置在用户机顶盒的ONU组成，其用户终端设备就是计算机和IP电话机。

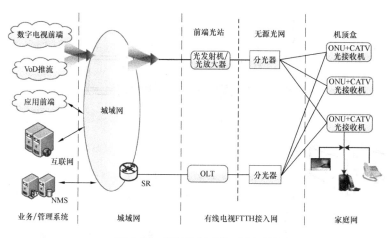

图 1-38　RF 混合两纤三波组网

2. 卫星电视接收系统

（1）概述

卫星电视系统由上行发射站、星体和接收站三大部分组成。上行发射站的主要任务是把电视中心的节目送往广播电视卫星，同时接收卫星转发的广播电视信号，以监视节目质量。星体是卫星电视广播的核心，它对地面是相对静止的，即要求它的公转精确且与地球自转保持相同，并且保持正确的姿态。卫星的星载设备包括天线、太阳能电源、控制系统和转发器。转发器的作用是把上行信号经过频率变换及放大后，由定向天线向地面发射，以供地面的接收站接收卫星信号。

（2）系统架构

卫星电视接收系统通常由接收天线、高频头和卫星接收机三大部分组成，如图 1-39 所示。接收天线与天线馈源相连的高频头通常放置在室外，所以又合称为室外单元设备。卫星接收机一般放置在室内，与电视机相连，所以又称为室内单元设备。室外单元设备与室内单元设备之间通过一根同轴电缆相连，将接收的信号由室外单元设备送给室内单元设备（即接收机）。

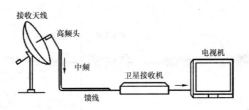

图 1-39　卫星电视接收系统示意

3. 系统功能

CATV 系统前端部分的主要功能是：

（1）将天线接收的各频道电视信号分别调整到一定电平，然后经混合器混合后送入干线。

（2）必要时将电视信号变换成另一频道的信号，然后按这一频道信号进行处理。

（3）将卫星电视接收设备输出的信号通过调制器变换成某一频道的电视信号送入混合器。

（4）自办节目信号通过调制器变换成某一频道的电视信号而送入混合器。

（5）若干线传输距离长（如大型系统），由于电缆对不同频道信号衰减不同等原因，故加入导频信号发生器来进行自动增益控制（AGC）和自动斜率控制。

对于接收无线电视频道的强信号，一般是在前端使用 V/V 频率变换器，将此频道的节目转换到另一频道上去，这样空中的强信号即使直接串入用户电视机也不会造成重影干扰，因为此时频道已经转换。如果要转换 UHF 频段的电视信号，一般采用 U/V 频率变换器将它转换到 VHF 频段的某个空闲频道上。但对于全频段（VHF＋UHF）的 CATV 系统，则不需要 U/V 变换器，可直接用 UHF 频道传送。

从卫星下行的电视信号（如 C 波段频率范围是 3.7～4.2GHz），通过抛物面卫星天线送入馈源和高频头（LNB），将频率变成第一中频，即 970～1470MHz 的电视信号，通过同轴电缆送入前端设备。进入前端的卫星信号常常需要经过两个前端设备：其一为卫星电视接收机，它的作用是将第一中频电视信号解调成音频和视频电视信号；其二为邻频调制器，它的作用是将音、视频信号调制到所需要的电视频道（VHF 或 UHF 频段），然后送入混合器。

自办节目的信号来自演播室、室外采访摄像机或室内录像机。它们输出的都为音、视频信号，进入前端以后都需用邻频调制器调制成指定的 VHF/UHF 邻频频道再送入混合器。

在大型系统中还会遇到使用导频信号发生器的情况，它是提供整个系统自动电平控制和自动斜率控制的基准信号装置，可以在环境温度和电源电压不稳定时保证输出载波电平的稳定。这种装置在一般中型或小型系统中不常采用。

干线传输系统是把前端接收、处理、混合后的电视信号传输给用户分配系统的一系列传输设备。一般在较大型的 CATV 系统中才有此部分。对于单栋大楼或小型 CATV 系统，可以不包括干线部分，而直接由前端和用户分配网络组成。

用户分配部分是 CATV 系统的最后部分，主要包括放大器、分配器、分支器、系统输出端以及电缆线路等，它的最终目的是向所有用户提供电平大致相等的优质电视信号。

4. 设备安装

（1）天线的安装

安装天线时应先清除基座上的水泥灰渣，并将地脚螺栓涂上黄油，然后按如下步骤进行安装：

1）立柱安装用 4 个 M20 螺母 14（图 1-40）将立柱 1 固定在地脚螺栓上，注意保持中心和地面垂直。

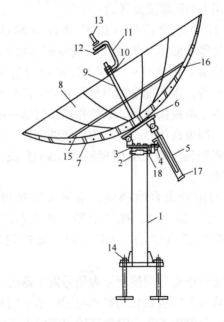

图 1-40　3m 天线的安装结构

2）辐射梁安装将 12 片辐射梁 7 用 M8×20 螺钉与中心筒 6 顺序连成整体，辐射梁无编号可任意互换。

3）反射面安装将反射面 8 用 M8×20 螺钉依次（无编号）与辐射梁连接好，保证反射面边接平滑、圆整。

4）馈源组安装先将馈源 12 与高频头 13 连成整体，高频头不得错位，再将馈源组固定在弓形架上，然后再把弓形架安装到馈源杆 9 上。

5）总装将馈源支架用 M8×20 螺钉安装到反射面中间的中心筒上，调整好馈源的角度；将同轴电缆一端接在高频头上，另一端穿入馈源杆后，从天线背后引出至前端；调整方位、俯仰两个角度的松紧，并固定在所需的工作位置上。

某 3m 天线的安装结构如图 1-40 所示，其主要部件的名称与规格见表 1-10。

3m 天线安装零部件明细表　　　　　　表 1-10

序号	零部件名称	规格	3m/件	备注
1	立柱		1	
2	固定夹		1	厂方装配
3	固定螺栓	M20×60 M12×60	1 3	厂方装配
4	方位微调装置		1	厂方装配
5	俯仰调节装置		1	厂方装配
6	中心筒		1	厂方装配
7	辐射梁		12	无编号，任意安装
8	反射面（主面）		12	无编号，任意安装
9	馈源杆		1	厂房装配
10	调节螺帽	M24	2	厂房装配
11	馈源座		1	厂房装配
12	馈源		1	
13	高频头		1	
14	地脚螺栓 螺母	M20×410 M20	4 4	
15	撑杆		12	
16	夹紧螺栓		1	厂方装配

序号	零部件名称	规格	3m/件	备注
17	调节手轮		1	厂方装配
18	方位调节座螺帽 3m 焦距 C 波段	M12 1065～1068mm	2	厂方装配

目前，卫星电视接收站大多都与无线转播或共用天线系统结合在一起，建在边远山区高地或大楼顶上。因此，接收站天线设备的避雷与接地是十分重要的问题。

如果卫星电视接收站抛物面天线与地面电视转播天线或共用接收天线安装在一起，并在后者避雷有效保护半径之内，则卫星电视天线可不安装避雷针；但天线底座接地性能要好，应使接地电阻小于 4Ω；如在雷雨较多地区，卫星电视天线上需加装避雷针。

若卫星电视天线在上述天线有效保护半径之外，或位于空旷平地上，则应在天线主反射面上沿或副反射面顶端单独焊接长度约 2.5m、直径约 0.02m 的避雷针。

（2）干线放大器及延长放大器的安装

建筑物比较集中的小型天线系统工程，电缆传输较短，电平损失小，可将线路放大器安装在前端设备共用机箱内。建筑物较分散的大型天线系统工程，为了补偿信号经电缆远距离传输造成的电平损失，一般在传输的中途应加装干线放大器。

明装时，电缆需通过电线杆架空，干线放大器则吊装在电杆上，距离杆顶部架空线以下 1m 左右，且应固定在吊线上。不具备防水条件的放大器（包括分配器和分支器）要安装在防水箱内。

暗装时，根据设计的规定，在传输中途设中继放大站，电缆井里可以放置一只干线放大器，上面标明电缆的走向及输入、输出电平，以便维修检查，且还应注意设备的防潮。

干线放大器有的是自带电源，有的自身不带电源，而是由前端设备共用箱内的稳压电源供电，应根据具体情况将电源接好。

延长放大器是为了补偿每一幢楼内的分配器、分支器及电缆传输过程中的电平损耗而增加的。一般在该楼的进线口放置一只信号分配共用箱，箱内除安装延长放大器外，还需装设磁闸盒（装电源保险丝用）、电源插座及分配器或分支器。

（3）分配器与分支器的安装

明装时，按照部件的安装孔位，用 6mm 合金钻头打孔后，塞进塑料胀管，再用木螺丝对准安装孔加以紧固。对于非防水型分配器和分支器，明装的位置一般应在分配共用箱内或走廊、阳台下面，必须注意防止雨淋及受潮，连接电缆水平部分应留出 250~300mm 的余量，导线应向下弯曲，以防雨水顺电缆流入器件内部。

暗装有木箱与铁箱两种，并装有单扇或双扇箱门，颜色应与墙面相同。在木箱上装分配器或分支器时，可按安装孔位置，直接用木螺钉固定。采用铁箱结构，可利用二层板将分配器或分支器固定在二层板上，再将二层板固定在铁箱上。

（4）用户盒（插座）安装

用户盒也分明装与暗装两种，明装用户盒只有塑料盒一种，暗装盒又有塑料盒、铁盒两种，应根据施工图要求安装。一般盒底边距地 0.3~1.8m，用户盒宜靠近电源插座，间距一般为 0.25m。

明装用户盒直接用塑料胀管和木螺钉固定在墙上，因盒突出墙体，施工时应注意保护，以免碰坏。

暗装用户盒应在土建主体施工时将盒与电缆保护管预先埋入墙体内，盒口应与墙体抹灰面平齐，待装饰工程结束后，进行穿放电缆，如图 1-41 所示。

5. 系统调试

先在机房内给机柜供电，然后从上到下打开设备开关，此时应看到设备电源开关灯亮，表明电源已接入设备。如果出现灯不

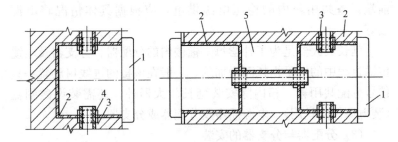

图 1-41 接线盒在实体墙上暗装
1—面板；2—预埋盒；3—穿线管；4—护口；5—隔音填料（矿棉）

长亮等异常情况，应立即断电处理。

机房内设备正常允许后，依次给各放大器上电，并查看放大器是否运行正常。

（1）卫星信号的调试

系统调试必须把接收机、电视机拿到安装天线现场进行调试，安装现场必须有电源。以上准备工作做好后，系统调试步骤如下：

首先根据所要接收的卫星，把卫星接收机所接收的频道频率调准。用高频头的本振频率 5150MHz 减去中频频率得出的是卫星频道的卫星下频率。

把所有的连接线接收，根据所要接收信号的极化方式粗调馈源，按极化要求调好馈源的波导口方向。

把天线反射面转向正南方向，松开仰角调节杠，让反射面上下调节灵活方便。然后根据所要捕捉的卫星定点的经度和调试所在地的地理位置，向东或向西一点一点转动天线反射面来改变反射面的方位。每转动一点方位后缓慢上下调节重复如此直至出现信号，确认是所要接收的卫星节目，然后保持信号强度暂时固定仰角，进行下一步方位角微调。

使天线反射面朝单一方向水平转动，观察电视图像。使捕捉到卫星信号从有到无，从强信号到弱信号转至信号刚好消失，在立柱上标上位置记号后，再反转天线，使卫星信号图像在电视机中从弱到强，再从强到弱，转至信号图像刚好消失，再在立柱上标上位置记号，这时立柱上已有两处记号。重复以上步骤反复几次，确认立柱二记号点位置无误后，把方位托盘记号转至立柱二记号点之间的中心线位置，这就是所要调试卫星的方位角位置。把紧固方位角的螺栓坚固，方位角调试完毕。

微调仰角：用微调方位角的方法，在仰角调节杆上取二点做记号，用同样方法进行仰角微调。

馈源焦距及极化方向微调：用调方位角和仰角的方法微调焦距和极化方向。当馈源长度有限，焦距微调不适合以上方法时，这时电视图像画面噪声波点已很少或已没有了噪波点，可在馈源中塞点纸使画面出现较多的噪波点，然后调节馈源观察电视画面调至器噪波点减至最少，即调准了焦距。

至此，系统接收调试完毕，撤去现场调试设备，连接好高频头与室内的功分器同轴电缆，再把功分器连接到接收机上。

（2）前端设备的调试

1）调试前的检查

检查设备输入电源电压转换开关应在 220VAC 位置。

检查各输入输出电缆连接是否正确、牢固。

设备开机加电预热，查看有无异常现象。

2）干线传输部分的调试

干线传输系统的调试程序：先调试供电器和电源插入器，使放大器能正常供电；然后由靠近前端的放大器开始，顺序向远端逐个调试。

干线放大器各种类型，调试程序也不相同，调试之前应仔细阅读技术说明书和系统设计资料，明确有关技术参数，如放大器供电电压范围、导频数（单导频还是双导频）、放大器输出信号电子倾斜 dB 数。最高工作频道和最低工作频道等。

3）放大器的供电调试

供电之前，检查线路有无短路现象。

为了方便放大器调试，前端在系统传输最高频道和最低频道各设置一个调试用频道，其载波电平均按正常要求调试好，前端调试结束之后，可以进入干线放大器调试。

4）放大器输入电平调试

场强仪与放大器输入测试孔连接，测试输入信号最高频道和最低频道信号电平。

按照设计要求的输入信号电平与实际输入信号电平之差别，选用合适的固定衰减器和均衡器插件，插入放大器输入端对应的插座内，使输入电平等于设计值。

5）放大器输出电平调试

场强仪与输出端测试口连接。

调节放大器旋钮，使最高频道信号电子等于设计值，再调节放大器旋钮，使最低频道信号电平等于设计值。

再检查最高频道载波电平，微调放大器旋钮，使载波电平等于设计值。

6）系统总调试

系统总调试是在前端、干线传输系统和分配系统进行电平调试结束之后进行。

总调试的准备工作，按照设计要求，把所有信号源送入前端，使前端所有通道都正常工作。如果有的频道没有信号时，应用信号发生器代替，使其输入电平与实际输入信号电干相同。

选择干线传输距离最长的一条干线之末端分配点所连接的分配系统，选择该分配系统中放大器串接级数最多的末端分配放大器驱动的分配网络，或选择外界干扰最强地区的分配系统中某些有代表性的用户终端。

在上述选出的用户终端，测量用户电平应在设计值范围之内，接上电视机逐个频道收视观察图像质量，对于明显的雪花、交调、互调、重影等现象，应查明原因进行处理。

6. 常见故障分析及处理

常见故障分析及处理见表 1-11。

序号	故障现象	故障原因	采取措施
1	大面积没有电视信号	干路放大器故障	更换放大器
		放大器供电故障	检查供电电源
2	用户端无电视信号	电视机故障	检查电视机
		电视连接线坏或松动	更换连接线或重新插连接线
3	用户端电视信号弱	分支分配线路故障	检查线路

（七）公共广播系统

1. 系统概述

公共广播（Public Address，PA），由使用单位自行管理，在本单位范围内为公众服务的声音广播。包括业务广播、背景广播和紧急广播等。公共广播系统为公共广播覆盖区服务的所有公共广播设备、设施及公共广播覆盖区的声学环境所形成的一个有机整体。

我国颁布有《公共广播系统工程技术规范》GB 50526，对系统的功能、技术指标都有了明确的要求。

2. 系统功能

公共广播系统集背景音乐广播，宣传、寻呼广播和火灾事故的紧急广播为一体，是一种通用性很强的广播系统，根据使用功能的不同可分为业务广播、背景广播和紧急广播。

（1）业务广播功能

根据工作业务及建筑物业管理的需要，按业务区域设置音源信号，分区控制呼叫及设定播放程序。业务广播宜播发的信息包括通知、新闻、信息、语音文件、寻呼、报时等。

（2）背景广播功能

向建筑内各功能区播送渲染环境气氛的音源信号。背景广播宜播放的信息包括背景音乐和背景音响等。向其服务区播送渲染环境气氛的广播，包括背景音乐和各种场合的背景音响（包括环境模拟声）等。

（3）紧急广播功能

为应对突发公共事件而向其服务区发布的广播。包括警报信号、指导公众疏散的信息和有关部门进行现场指挥的命令等。满足应急管理的要求，紧急广播应播发的信息为依据相应的安全区域划分规定的专用应急广播信令。紧急广播应优先于业务广播、背景广播。

3. 公共广播系统架构

公共广播系统是建筑智能化的重要组成部分，广泛用于车站、机场、宾馆、商厦、医院、学校等各种场所。

公共广播系统大致可由四个部分组成：节目源设备、信号放大和处理设备、传输线路、扬声器设备。

节目源设备：传统型有 CD/MP3 播放器、AM/FM 调谐器、话筒等；智能的有数字音源播控机、数字节目控制中心、数控 MP3 播放机等，这些都是内置数字音源，并能对相关系统进行控制的设备。

信号放大和处理设备：信号放大是指电压放大和功率放大；信号处理是指信号的选择处理，即通过选择开关选择所需要的节目源信号。主要设备有，前置放大器、功率放大器、主备功放自动切换器、警报器、广播分区器和各种控制设备等。

传输线路：由于服务区域较大、距离远，为了减少信号传输过程中的损耗，一般采用高压传输方式。一般分为四种线路，即模拟音频线路、流媒体（IP）数据网络线路、数控光纤线、数字双绞线线路。

扬声器设备：扬声器是能将电信号转换成声信号并辐射到空气中去的设备。扬声器安装位置的选择要切合实际，室内一般用天花喇叭、室内音柱、壁挂音箱或悬挂式音箱，室外可采用室外音柱、草坪专用音箱、号角等。

公共广播系统主要由音源、信号处理与控制设备、传输网络和放音设备等四大部分组成。按照信号处理与控制、传输网络的不同，系统结构也不同，当前在弱电工程中常见的主要有传统模拟型、智能控制型和数字网络型三种。

（1）传统模拟型

传统模拟型公共广播系统的架构如图 1-42 所示。

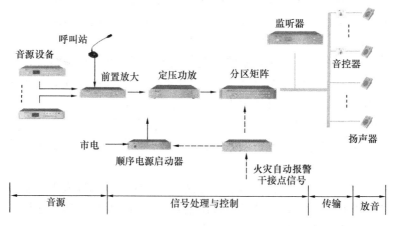

图 1-42　模拟型公共广播系统示例

音源设备：是指播放音源载体设备，这些载体是音响系统中播音声音的来源。常见音源设备有广播呼叫站的传声器（话筒）、CD 机、MP3 播放器和数字调谐器等。公共广播系统中的呼叫站包括机房内传声器以及用户指定的其他场所（称作远程呼叫站）。远程呼叫站包括话筒和控制器。该控制器能够远程控制广播分区，并可调节广播音量。由于呼叫站内置音频放大器，因此远程呼叫站可以远离广播机房，有的甚至允许达 1km。

前置放大器：将各类音源送来的音频信号进行电压放大，达到功率放大器规定的输入指标。

功率放大器：将音频电压信号放大至规定的音频功率输出，驱动扬声器发出声音。由于接入系统的扬声器传输线路长度不一，一般采用定压式功率放大器，将音频电压提升至100V左右，以利降低传输线路信号损耗。

分区矩阵：根据建筑物区域分布和用户业务需求，系统将负载扬声器分为若干播音分区，以便适应各个区域播音时间、播音节目的差别。分区矩阵就是以矩阵的方式将扬声器传输线路分别组成设计要求的播音分区。

监听器：在公共广播系统的播出机房内均配置有监听器，以便对系统播出的内容和效果进行监听，以利对播出进行适宜的控制和调节。

音频线缆：音频功率输出至负载扬声器之间的传输线缆，将广播音频功率传递至负载扬声器。系统设计已经将线缆的直径作了规定，安装时不可使用小于设计规定直径的线缆。此外，为避免音频功率信号通过电缆辐射，干扰其他电子设备和信息系统，模拟公共广播系统的负载电缆常采用屏蔽型线缆，穿套金属管敷设，并要求良好接地。

音控器：由音频变压器和控制开关等组成。用以人工控制音频信号的通、断，调节音频输出信号的强弱，从而控制音区扬声器放音与否及音量强度。在具有紧急广播功能的系统中，音控器应具有自动控制的作用，即在紧急广播时，接受强制控制信号的控制，自动开启音控器并将音量调至最大输出。因此，音控器不但具有音频输入、输出，还需要"强切"控制信号线的接入。

扬声器：扬声器又称"喇叭"，是一种把电信号转变为声信号的换能器件，以足够的声压向指定区域推送。公共广播系统中的扬声器分有源、无源两类。有源扬声器内置功率放大器。公共广播系统中定压式功率放大器接续的无源扬声器均设置有线间变压器。线间变压器将线路中100V左右的音频电压降低至设定数值，进入音圈推动扬声器发声。在许多播音区域，用户要求主动控制播音的时间和播音音量，这些区域中的扬声器前应当设置音控器。

公共广播系统设备启动有严格规定的顺序，否则会造成设备或扬声器损坏。所以系统中配置有顺序电源控制器，对各类设备上电启动进行自动控制，避免人为操作失误造成事故。

在许多项目中，公共广播系统与建筑物内火灾自动报警和消防广播共享一套扬声器。这时，公共广播系统通过强插电源控制顺序电源控制器自动启动播音设备和分区矩阵向指定播音分区广播，具有音控器的分区也将接受控制自动开启并达到最大音量。

《公共广播系统工程技术规范》GB 50526对播音音量作了规定，规定背景音乐声压级不小于80dB；业务广播声压级不小于83dB；紧急广播声压级不小于86dB。

（2）智能控制型

智能控制型公共广播系统是在传统模拟型公共广播系统基础上配置了智能控制主机。各生产厂家不同品牌的智能控制主机功能各不相同。其基本的功能有：

具有处理广播音源信号一系列功能，如内置MP3播放器；内置音频矩阵和可编程序等。对播放音源信号进行智能化自动选控，实现定时、定区（广播分区）、定曲（音源选择）播放。

通过本地话筒和远程呼叫站，实现全区或分区广播内置可编程序的电源控制并自动控制顺序电源启动器内置多种报警模式，实现全区报警、分区报警和临层报警内置前置放大器。如图1-43所示为智能控制型公共广播系统连接图。

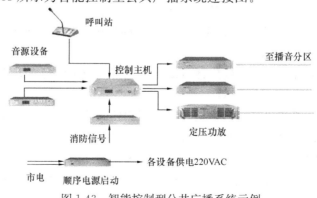

图1-43　智能控制型公共广播系统示例

（3）数字网络型

数字网络型公共广播系统，也称数字 IP 网络广播系统，是现代网络技术和信号数字处理信号技术综合应用的产物。数字网络公共广播系统将广播的音频信号进行数字编码，并通过网络（局域网和广域网）传输 IP 数据包，再由终端解码还原为音频信号的系统，称为数字 IP 网络广播系统。其基本架构如图 1-44 所示。

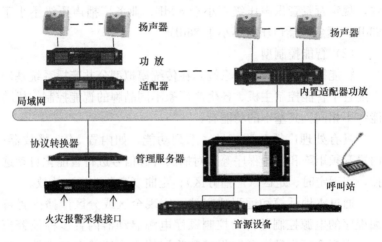

图 1-44　数字网络型公共广播系统

数字网络型公共广播系统有两个显著特点：一是系统传输的音频信号数字化；二是系统传输信道网络化。数字网络型公共广播系统具有突出的优点：

1）保证了优质的广播音质。避免模拟音频信号在处理、传输中畸变、失真和干扰。

2）系统设备可以挂接在局域网的任何接入点，设备配置灵活、安装方便，扩展便利，特别是系统中呼叫站的位置，可根据实际需要随时调整，甚至通过移动互联网建立移动呼叫站。

3）播音分区设置、播音信号选择、音量控制均在管理服务器上操作和管理，直观、简捷，易于操控。

4. 公共广播系统设备安装

公共广播系统后端设备包括节目源设备和信号放大处理设备，一般摆放或安装在监控室（或机房）内的控制台、机柜或机架上，若无监控室（或机房），则控制台、机柜或机架应安装在安全和便于操控的位置。根据使用需求不同，所配备的节目源及信号放大处理设备也不相同。

（1）节目源设备安装

1）卡座播放器、CD/MP3播放器、AM/FM调谐器等节目源设备一般采用机架式设计，可以将设备固定在机柜两侧的方孔条中，也可以摆放在托板上；安装时螺钉应紧定牢固，设备之间宜间隔1U。

2）设备后端的接地柱应最短距离与控制台或机柜、机架进行跨接，控制台或机柜、机架应与建筑物有良好的接地，接地线不得与供电系统的零线直接相接。

3）AM/FM调谐器的收音头是模块形式设计时，可以与主机分离，放置在接收信号更好的位置，如图1-45和图1-46所示。

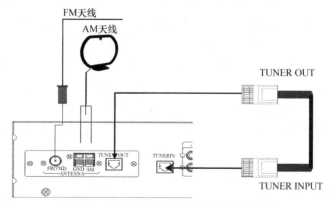

图1-45　收音头模块安装在本机的连接方式

（2）信号放大处理设备安装

1）前置放大器、广播功放、广播分区器、时序电源控制器

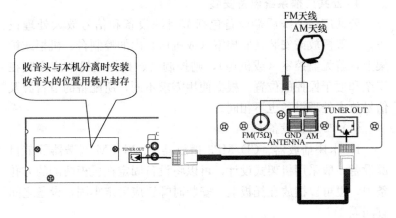

图 1-46　收音头模块与本机分离安装连接方式

等信号放大处理设备安装时应遵循上轻下重的顺序，各设备之间应留有充分的散热间隙。

2）无线传声器接收机等设备应安装于机柜上部，功率放大器等较重设备应安装于机柜下部，并应由导轨支撑。

3）时序电源控制器安装要求

① 安装时应按照由前级设备到后级设备的顺序逐个启动电源，由后级到前级的顺序逐个关闭设备电源。

② 该设备可以按顺序开启或关闭 16 路受控设备的电源，可以通过定时器自动控制或人工控制，如图 1-47 所示时序电源控制器设备连接图，按顺序打开或关闭一套音响系统。如图 1-48 所示为分时启动多台功放（功率放大器），避免对电网冲击。

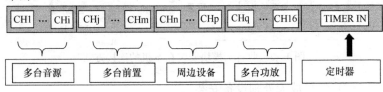

图 1-47　时序电源控制器设备连接

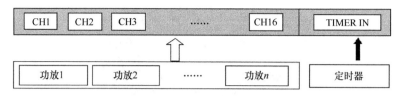

图 1-48　分时启动多台功放（功率放大器）

4）广播分区器安装时，背景音乐信号由后面板 A 端子输入，紧急广播信号由 B 端子输入（如无紧急广播专用功放，可把 A、B 端子并接）。接线方式如图 1-49 所示。

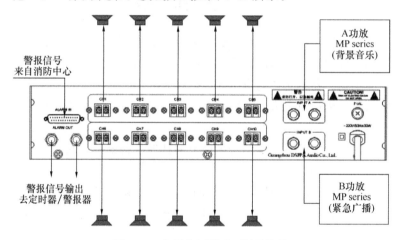

图 1-49　广播分区器后面板及接线

5）网络广播主机功能模块安装

网络广播主机含各功能模块安装在网络化广播系统单槽扩展箱或网络化广播系统多槽扩展箱上如图 1-50 所示，在安装和连接好模块之后，通过模块的拨码开关来设置模块网络 IP 地址。

（3）扬声器安装

公共广播系统扬声器安装时，应根据使用环境选用不同的扬声器。扬声器一般可分为普通型、防火型、有源天花扬声器、单（双）面音柱、音箱、号筒扬声器等，安装时应注意以下要求。

图 1-50　网络广播中心主机

1）扬声器安装时应根据声场设计及现场情况确定广播扬声器的高度及其水平指向和垂直指向，并应符合下列要求：

①扬声器的声辐射应指向广播服务区。

②当周边有高大建筑物和高大地形地物时，应避免安装不当产生回声。

③吸顶安装时，应结合吊顶上的其他设备统一布局，且应排列对称、美观。

2）扬声器与广播线缆之间的接头应接触良好，不同电位的接头应分别绝缘，接驳宜用压接套管和压接工具进行施工，相位需统一。

3）扬声器的安装固定应安全可靠。安装扬声器的路杆、支架、墙体、顶棚和紧固件应具有足够的承载能力。

4）室外安装时，应采取防潮、防雨和防霉措施，在有盐雾、硫化物等污染区安装时，应采取防腐蚀措施。采用立杆安装时，立杆垂直度误差不大于 5%。

5）兼具火灾紧急广播的扬声器其数量应能保证每一个防火分区的任何部位到最近的扬声器直线距离不大于 25m，走道末端到最近的扬声器距离不应大于 12.5m。扬声器应使用阻燃材料，或具有阻燃后罩结构。

5. 公共广播系统的调试

公共广播系统调试，不但需要进行功能检查，应符合设计要求，还应当对各广播分区分别进行声强测试和音质试听，并进行功能检查，根据检查结果进行调整，使系统功能符合要求。

（1）调试准备

1）系统调试前，应编制调试方案。相应的施工图纸、产品说明书、测试表格、设备接线图等资料应准备齐全。

2）应完成与第三方联动设备或系统的接口连接。

3）应对系统的主要设备（如节目源、信号放大与处理设备等）进行常规检查，如设备间接线是否正确、可靠，各控制旋钮的是否调至合适位置。

4）应检查所有供电电源变压器的输出电压，均应符合广播设备的电压要求。

（2）设备调试

通电调试时，应先将所有设备的旋钮旋到最小位置，并应按由前级到后级的次序，逐级通电开机，主要设备的调试如下。

1）功率放大器开通：首先断开全部输出线路，拔出全部输入信号插头，将功率放大器的"音量"调节钮旋至最小，接通电源，打开功率放大器开关，观察各显示信号是否正常，有无机器噪声。

2）前置放大器开通：当功率放大器开通后一切正常，可开通前置放大器电源。接通前置放大器电源，观察各种显示，并接通前置放大器与功率放大器的音频信号连接线。

3）话筒试验：当功率放大器和前置放大器工作正常时，将前置放大器、功率放大器的"音量"旋钮调至最小，插入话筒插头，给话筒以声音信号，调节"音量"旋钮，在监听音箱上听声音输出。当一路话筒插孔试验完后，采用同样方法，对每个话筒输入通道进行试验。

4）CD/MP3播放器：当功率放大器和前置放大器工作正常

时，将前置放大器、功率放大器的"音量"旋钮调至最小，接通CD/MP3播放器电源，播放音乐，调节"音量"大小，观察输入信号、失真和噪声情况。

5）调谐器开通试验：接通调谐器电源，接收广播节目，试验接收情况，根据调频广播的接收效果，反复调节调频接收天线方向，以获得最佳收听效果。并观察干扰和失真情况。

（3）分区调试

各设备调试完毕后，应将所有音源的输入均应调节到适当的大小，并应对各个广播分区逐一进行音质试听，根据检查结果进行初步调试。若每一回路上的扬声器均发音正常（即噪声小、清晰、失真小），可开通全部扬声器、声柱，调节音量大小，反复试验多次，排除各种安装施工隐患。

（4）电声性能测量及调试

在设备及回路调试完毕后，还应对系统电声性能进行全面测量及调试，测试时应检测以下内容：

1）应打开广播分区的全部扬声器，测量点宜均匀布置，且不应在广播扬声器附近和其声敷设轴线上。

2）应检测公共广播系统的应备声压级，检测结果符合设计的使用需求。

3）主观评价时，应对广播分区逐个进行检测和试听，并应符合"语言清晰度主观评价评分"要求，评价结果不低于4分的应判定为合格。

4）应检测紧急广播的功能和性能，当紧急广播包括火灾应急广播功能时，还应检测下列内容：

① 紧急广播具有最高级别的优先权。

② 警报信号触发后，紧急广播向相关广播区播放警示信号、警报语声文件或实时指挥语声的相应时间。

③ 音量自动调节功能。

④ 手动发布紧急广播的一键到位功能。

⑤ 设备的设备用功能、定时自检和故障自动报警功能。

⑥ 备用电源的切换时间。

⑦ 广播分区与建筑防火分区匹配。

5）应检测公共广播系统的声场不均匀度、漏出声衰及系统设备信噪比。

若经过这些测试都正常，则主要工作已完成，最后再进行加电试运行，时间不应小于24h。

6. 常见故障分析与排除

故障排查一般是从故障现象出发，通过分析原因，确定故障点，排除故障，恢复正常运行的过程。公共广播系统常见故障类型较少，当系统设备出现问题时，先检查本机，再检查周边，常见故障及排除方法如下。

（1）扬声器无声音

扬声器无声音是一种常见的故障现象，如何判断是短路造成，还是其他原因造成的喇叭不响，就需要对整个广播系统进行一个分析。

1）外围检查。是整体无声还是部分无声，整体无声，在机房观察各设备是否正常工作，电源指示灯是否正常，功放是否启动，观察音频信号指示灯，看有无信号输入。

2）如有分区，关闭分区，一个一个开启实验看有无声音。如有一个分区打开无声，或是声音变小，说明线路部分出了问题，查看是否短路，或与其他金属连接。

3）如是音箱部分问题，要检查音箱接线断或分频器异常。音箱接线断裂后，扬声器单元没有激励电压，就会造成无声故障。广播系统分频器一般不易断线，但可能发生引线接头脱焊、分频电容短路等故障。

4）音圈断。可用万用表 $R \times 1$ 档测量扬声器引出线焊片，若阻值为∞，可用小刀把音圈两端引线的封漆刮开，露出裸铜线后再测，如果仍不通，则说明音圈内部断线；若测量已通且有"喀喀"声，则表明音圈引断路，可将线头上好焊锡，再另用一段与音圈绕线相近的漆包线焊妥即可。

5）扬声器引线断。由于扬声器纸盆振动频繁，编织线易折断，有时导线已断，但棉质芯线仍保持连接。这种编织线不易购得，可用稍长的软导线代替。

6）音圈烧毁。用万用表 R×1 档测量扬声器引线，若阻值接近 0Ω，且无"喀喀"声，则表明音圈烧毁。更换音圈前，应先清除磁隙内杂物，再小心地将新音圈放入磁隙，扶正音圈，边试听边用强力胶固定音圈的上下位置，待音圈置于最佳位置后，用强力胶将音圈与纸盆的间隙填满至一半左右，最后封好防尘盖，将扬声器纸盆向上，放置一天后即可正常使用。

（2）扬声器声音时有时无

1）首先整体排查看设备间连接线是否松动，查看前置放大器，功率放大器的电位器是否故障。

2）扬声器引线接触不良。通常是音圈引线霉断或焊接不良所致，纸盆振动频繁时，断点时而接通，时而断开，形成无规律时响时不响故障。

3）功率放大器输出插口接触不良或音箱输入线断线。

（3）扬声器音量小

1）排查线路是否有短路故障，可用万用表，欧姆档位测线路阻抗。

2）广播系统性能不良，磁钢的磁性下降。扬声器的灵敏度主要取决于永久磁铁的磁性、纸盆的品质及装配工艺的优劣。可利用铁磁性物体碰触磁钢，根据吸引力的大小大致估计磁钢磁性的强弱，若磁性太弱，只能更换扬声器。

3）导磁芯柱松脱。当扬声器的导磁芯柱松脱时，会被导磁板吸向一边，使音圈受挤压而阻碍正常发声。检修时可用手轻按纸盆，如果按不动，则可能是音圈被芯柱压住，需拆卸并重新粘固后才能恢复使用。

4）分频器异常。当分频器中有元件不良时，相应频段的信号受阻，该频段扬声器出现音量小故障。应重点检查与低音扬声器并联的分频电容是否短路，以及与高音扬声器并联的分频电感线圈是否层间短路。

（4）扬声器声音异常

1）磁隙有杂物。如果有杂物进入磁隙，音圈振动时会与杂物相互摩擦，导致声音沙哑。

2）音圈擦芯。音圈位置不正，与磁芯发生擦碰，造成声音失真，维修时应校正音圈位置或更换音圈。

3）箱体不良。箱体密封不良或装饰网罩安装不牢等，广播系统会造成播放时有破裂声。此外，箱体板材过薄导致共振，也会产生声音异常。

（八）会 议 系 统

1. 系统概述

弱电工程中的会议系统是指电子会议系统，即通过音频、自动控制、多媒体等技术实现会议自动化管理的电子系统，包括会议讨论系统、同声传译系统、扩声系统、视频显示系统、多媒体播放系统、集中控制系统等。

现代会议系统已发展成为集音频、视频、通信、计算机以及多媒体等多种先进技术于一体的系统集成，并向智能化的方向发展。随着网络技术发展，会议系统无论是设备还是整体架构正在逐渐由模拟走向数字，带来崭新的会议体验。

2. 系统功能

会议系统的使用和管理对会议场所进行分类，分别按会议（报告）厅、多功能会议室和普通会议室等类别配置相应的功能，主要包括音频扩声、视频显示、多媒体信号处理、会议讨论、会议信息录播、会议设施集中控制、会议信息发布等功能。

为适应多媒体技术的发展，并采用能满足视频图像清晰度要求的显示技术和满足音频声场效果要求的传声及播放技术。采用网络化互联、多媒体互动及设备综合控制等信息集成化管理工作模式，宜采用数字化系统技术和设备。

3. 系统架构

根据项目实际具有不同的配置。弱电工程中最常见会议配置有扩声系统、视频显示系统和集中控制系统。

(1) 会议扩声系统

1) 系统构成及其主要设备

会议扩声系统有模拟扩声系统和数字扩声系统两类。会议扩声系统由声源设备、传输部分、声音处理设备和扩声设备等组成，如图 1-51 所示。

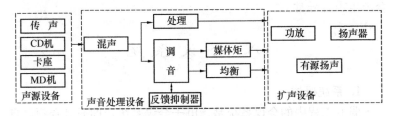

图 1-51 会议扩声系统基本构成

声源设备——会议音频信息的提供者，包括传声器、CD机、MD 机、卡座等，产生需要扩声的语音、音乐、音效等电子信号。在模拟型扩声系统中以音频模拟信号直接输出。在数字型扩声系统中，或采用数字式声源设备，或将模拟音频信号通过编码器转换成数字信号。

声音处理设备——是指对需要扩声的声音信号进行调节、转换、混合和控制等设备。其中，调音台和处理器是对来自前端的各路音频信号进行音量和音色的调节，需要时还可叠加需要的音效，保证会议的音质；混声器将各路音频信号混合在一路音频信号链路内；反馈抑制器是将扩声系统会场环境形成过强的回声进行控制，防止会场内因声音"正回授"引起声音失真和啸叫。

在模拟型扩声系统中，各类设备处理的是模拟音频信号，特别注意防止因失真和干扰而降低扩声的音质。在数字型扩声系统中，各类设备处理的是音频数字信号，能够很好地避免干扰和失真，同时大大简化了设备配置，并使操作变得简单易行。有的厂家以一台信号处理器代替了全部处理设备，只需通过连接于处理器的 PC 端的操作与设置就能完备地实现调音、混声、均衡、反馈抑制、附加音效等功能，而且设备连接也变得十分简单，输入输出端均以一根 4 对双绞电缆连接即可。

扩声设备——包括功放和扬声器等，将声音功率扩大推送至会场内各处与会者，保证足够的音量、音质和清晰度。为保证放音效果，往往将扬声器固定于共鸣箱体内，所以也称为音箱。目前，无论是模拟型扩声系统还是数字式扩声系统，由音频功率放大器（功放）输入扬声器的必须是模拟音频信号。有的功放设备前端可以输入数字音频信号，这是因为信号的 D/A 转换器内置于功放设备之中了。会议扩声使用的扬声器不同于公共广播系统，均为 4Ω、8Ω、16Ω 阻抗的扬声器，不配置线间变压器。因此，扬声器与功放连接时必须"阻抗匹配"。有源扬声器已经把功放内置在"音箱"之中了。在数字式扩声系统中有的有源扬声器可以直接连接在系统传输网络上，这是因为该扬声器（音箱）不但内置了功放，还内置了 D/A 转换器。

传输部分——会议系统的传输一般根据电声设备的要求选择相应的线缆。会议扬声器均为 4～16Ω 的低阻抗，要求扬声器连接线缆具有更低的阻抗，避免音频信号过多地浪费于传输线上，因此常采用专用的多股金银软线连接。据查，线径 6.0mm² 的线阻可达 0.27Ω/100m。

2）主要技术指标

会议扩声系统的优劣主要以系统技术指标衡量，主要的技术指标如下：

音频功率——以瓦（W）为单位。功率放大器的功率是指在一定阻抗，一定失真度限制下的功率输出值，即功放的额定功率。扬声器的功率是扬声器正常不失真放音时的承受功率，它与音圈阻抗与流经的音频电流的有关。

频响——即频率响应，以赫兹（Hz）为单位。即在规定音频频率范围内电声设备对不同频率信号的放大（或处理）能力。对于优质调音台，其频响可达 20~20000Hz±0.5~1dB，对于话筒、音箱等电—声设备，频响为数十赫兹至数十千赫兹±1.5~3dB。

失真度——放大器的输出信号较之输入信号增大的倍数，成为放大器的放大倍数，通常成为增益，以 dB 为单位。

声压级——为了更具体地表示音量大小，方便计算和比较，通常将声压的大小以数量级的形式来表示。环境声学中，0dB——人耳刚能听到；20dB——郊外安静的深夜；40dB——轻声细语；60dB——办公室 1m 内正常交谈；80dB——1m 距离的高声讲话；100dB——鼓风机房、歌舞厅内；120dB——大型鼓风机房，泵房；140dB——汽轮机，大型飞机起降；160dB——导弹发射；180dB——核爆炸。

（2）视频显示系统

现代多媒体电子会议，视频显示能够显著增强演讲者的感染力和与会者的接受力，已经成为不可或缺的功能。

会议显示系统主要由信号源、处理设备和显示设备三大部分组成，如图 1-52 所示。

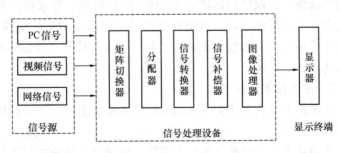

图 1-52　会议显示系统基本构成

1）信号源

信号源是系统显示终端需要呈现信息的来源。

计算机拥有的静态文字和图像、动态视频信息常用来在会议中作交流、展示、研讨之用。因此，计算机，特别是便携式用户电脑常常连接在视频显示系统中。

会议系统显示的各类视频信号包括来自摄像机摄取的实时视频信号，来自各类视频监控系统（工业监控系统、安防监控系统、城市交通监控等）的视频信号，来自存储于录像机、视频存储器等设备中的视频信号等。所谓"网络信号"，是指来自互联网或局域网的视频信息，在远程电子会议系统中是必需的。

2）信号处理设备

视频信号处理设备主要作用：选择显示内容而切换视频信号源；将其中一路视频信号分路在多个显示终端显示；转换视频信号的格式或协议适应显示终端显示的需要；对视频信号进行补偿或修饰，改善显示图像清晰度和色饱和度；处理来自不同信号源的视频信号在多个显示终端转换显示或整理成会议记录档案所需的视频信息。上述这些功能可以由多个设备实现，也可以由同一台设备实现。在数字视频系统中可方便地由一台或少量设备灵活地完成上述所有功能，常见有各类视频矩阵。

会议系统应用的视频矩阵，是为高分辨率图像信号的显示切换而设计的高性能智能矩阵开关设备，其作用是将信号源的视频信号切换至对应的显示终端，如图 1-53 所示为切换原理示意。视频矩阵分为模拟矩阵和数字矩阵两大类。顾名思义，模拟矩阵对模拟视频信号进行切换，而数字矩阵对数字视频信号进行切换。数字视频矩阵对视频信号切换和处理的能力显著增强，是视

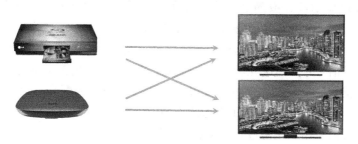

图 1-53　视频矩阵切换原理示意

频处理设备的发展方向。

视频处理设备中，信号处理和设备接口十分重要。因为，来自信号源的视频信号类型、规格存在极大差异，如模拟视频的复合视频信号，国际上就有 PAL、NTSC 和 SACOM 三种。数字视频信号因编码压缩技术标准有 JPEG、MPEG、H.264-AVc、Avs 等不同标准致视频信号存在差异；数字摄像机摄取的图像信号也因清晰度标准（720P、1080i、1080P）不同而不同。需要进行转换和处理后方能在同一信道上传输至终端显示。

上述各类视频信号需要不同处理设备进行处理，不同视频处理设备的输入输出连接线缆和接插件也各不相同，常见视频信号连接件如图 1-54 所示。

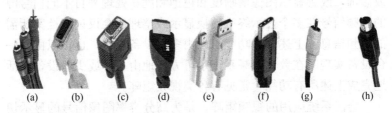

(a)　　(b)　　(c)　　(d)　　(e)　　(f)　　(g)　　(h)

图 1-54　常见视频信号连

（a）分量视频；（b）DVI；（c）VGA；（d）HDMI；
（e）DisplayPort；（f）TYPE-C；（g）复合视频；（h）S-Video

3）会议显示终端

显示终端是面向会与人员的视频显示设备，常见有投影机、LED 显示屏、液晶（LCD）显示屏、等离子（PDP）显示屏、DLP 显示屏以及上述显示器件的拼接屏等。

投影机是当前普遍使用的会议显示设备。它接收来自线路的视频信号，通过电光转换器件使光源通过的光投射至屏幕时形成与视频信号一致的图像。投影机必须与投影幕相配合安装于会场。如图 1-55 所示为正投影的不同安装方式。根据会场的需要，还可以采用透光幕进行背投影式设置。

投影机具有多种信号输入接口，以便使用各种不同类型的视

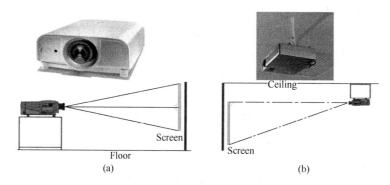

图 1-55　投影机安装方式
（a）桌面安装；（b）天花板吊装

频信号。投影机一般使用于室内会场。为获得极高亮度，在大型会议或室外还会采用激光投影设备显示视频图像。

由显示屏直接显示图像的设备按显示器件类型区分常见有液晶（LCD）、等离子（PDP）、放光二极管（LFD）等显示屏。LCD 和 PDP 屏幕尺寸和发光亮度的限制，一般应用于室内会场。大型场所往往使用 LED 显示屏，LED 发光强度高，且可以根据需要扩展显示模组达到用户需要的屏幕尺寸。

会议中还常常以若干块显示屏拼接起来使用，形成拼接大屏。拼接屏显示需要在视频矩阵基础上增加显示控制器，以便对拼接的各块显示子屏显示的信号进行控制和管理，组成完整的图像。目前，有的视频矩阵产品已经将拼接屏管理控制器嵌入其中。工程安装调试时应根据具体设备的功能进行有针对性的操作。

4）视频显示系统主要技术指标

光通量——光源所发出的光能向所有方向辐射，对于在单位时间里通过某一面积的光能，称为通过这一面积的光通量。光通量单位是流明（lumen，lm）。一只 40W 的日光灯输出的光通量大约是 2100lm。白炽灯的光通量为 10～15lm/W，一般 LED 的光通量为 50～70lm/W，也就是说 1W 的 LED 灯相当于 5W 白炽灯发光。在投影机技术指标中也用光通量来表示灯具的发光强度。由于人眼对不同波长光的相对视见率不同，所以不同波长光的辐射功率相等时，其光通量并不相等。人眼只对波长 380～780nm 的光有反应，习惯上我们把低于 380nm 的光波称为紫外线（Ultraviolet，UV），把高于 780nm 的光波称为红外线（Infrared，IR）。

亮度——是指发光体（反光体）表面发光（反光）强弱的物理量。亮度的单位是坎德拉/平方米（cd/m^2），即单位投影面积上的发光强度。《电子会议系统工程设计规范》GB 50799 要求：显示屏幕屏前亮度宜高于会场环境光产生的屏前亮度 100～150cd/m^2。

对比度——是指一幅图像中明暗区域最亮的白和最暗的黑之间不同亮度层级的测量，差异范围越大代表对比越大，好的对比率 120：1 就可容易地显示生动、丰富的色彩，当对比率高达 300：1 时，便可支持各阶颜色。现今尚无标准来衡量对比度，最好的辨识方式还是依靠观看者的眼睛。《电子会议系统工程设计规范》GB 50799 要求在使用环境照度下，背投影显示屏幕的对比度不应低于 50：1。

色温——色温是照明光学中用于定义光源颜色的一个物理量。把某个黑体加热到一个温度，其发射的光的颜色与某个光源所发射的光的颜色相同时，这个黑体加热的温度称之为该光源的颜色温度，简称色温。其单位用"K"（开尔文温度单位）表示。低色温光源的特征是能量分布中红色辐射相对多些，通常称为"暖光"。色温提高后，能量分布中，蓝辐射的比例增加，通常称为"冷光"。一些常用光源的色温为：标准烛光为 1930K；钨丝灯为 2760～2900K；荧光灯为 6400K；闪光灯为 3800K；中午阳光为 5000K；电子闪光灯为 6000K；蓝天为 10000K。

色饱和度——显示图像光的彩色鲜艳度。色饱和度取决于彩色中的灰度。灰度越高，色彩饱和度即越低，反之亦然。其数值为百分比，介于 0～100% 之间。纯白、灰色、纯黑的色彩饱和度为 0，而纯彩色光的饱和度则为 100%。

（3）集中控制系统

电子会议集中控制系统（亦称中央控制系统，简称"中控"）根据控制和信号传输方式分为无线单向、无线双向和有线控制等方式。中控系统可由控制主机、触摸屏和各类功能的控制模块，如图 1-56 所示等组成。

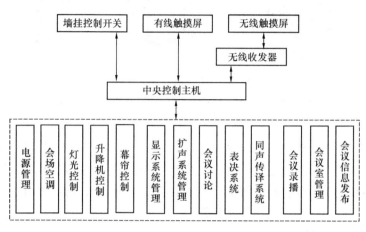

图 1-56　会议中控系统构成

由图可知，会议中控系统可以对会场各类业务（扩声、视频显示、讨论、表决、同声传译等）进行集中控制，对会场环境设施（电源、灯光、设备升降机构、窗帘幕布等）进行集中控制，还可对会议视音频信息录制与播出、会议信息发布和会议室使用进行管理与控制。

它可以通过中央控制主机由墙面开关按钮、有线触摸屏或无线触摸屏（或移动通信终端）进行控制操作。

会议中控系统已经由原来简单的控制向着集成化、模块化综合管理的方向发展。不但具有各型控制主机，并具有强大的扩展功能。会议控制管理功能为模块化结构，根据会场实际情况和会议应用的需求灵活地进行功能配置或扩展。如图 1-57 所示为多种会议中控主机、功能扩展模块和扩展插盒。

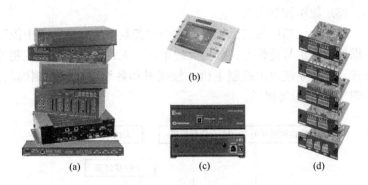

图 1-57　会议中控系统设备

(a) 各类中控主机；(b) 带触摸屏的中控主机；(c) 扩展模块插盒；
(d) 各型扩展模块

应用无线触摸屏时必须设置无线通信收发设备，确保操控触摸屏与主机可靠通信。目前已经有许多会议系统中控主机与互联网相连，会议操控者智能手机安装会议系统 APP 后，即可通过手机对会议进行灵活控制与管理。

4. 设备安装

设备安装前应进行检查线缆和管路的型号规格应符合设计图纸要求，接插件应符合设计图纸及清单要求，在图纸及清单未指定的情形下，应采用质量稳定可靠的主流产品。

(1) 音箱安装

专业音箱的安装在设计时需在施工图上标注有安装位置，具体可根据现场实际情况确定。音箱的安装方式有吊装、吸顶、壁挂。

1) 吊装：电视电话会议室在安装位置处顶部固定三个膨胀钩，用钢丝绳垂直吊下。多功能会议室安装方式采用角铁预先在顶部加固，再用钢丝绳垂直吊下，角铁与钢丝绳之间用吊环连接。吊装音箱主要用于大型会场的主音箱安装，音箱尺寸一般在 12 英寸以上。应采用直径 4～5mm 钢丝绳，利用吊挂件悬挂，便于调整指向性和倾斜角度。音箱背面须距离墙体 10cm 以上，防止产生共振。如图1-58所示。

图1-58　音箱吊装

2）吸顶：吸顶则严格要求吸顶喇叭的开孔尺寸，要做到严丝合缝。

3）壁挂：壁挂（明装、暗装）尽量在装潢的施工前将壁挂支架用膨胀螺栓打进水泥墙体或者在装饰面完成后壁挂安装在装饰面上。若安装在大理石面上，安装时采用水钻开孔（$\phi6$）后内塞$\phi6$膨胀管将音箱壁挂装，线柱音箱出线孔位置应位于音箱上部位置。所有壁挂安装架均宜使用音箱配套原装产品。

音箱壁挂明装安装一般用于10寸以下的辅助音箱安装。宜采用原厂或标准的音箱挂架悬挂。音箱应不接触墙体，防止产生共振。

音箱镶嵌暗装，用于某些特殊场合，主要考虑美观。由于镶嵌时与装饰面接触紧密，须作坚固的底盒，保证安装强度，尽可能不产生振动。

音箱放入底盒后，空隙处全部采用吸音棉填充。最后，外饰面采用专用音箱布封口。

（2）投影机安装

投影机安装分为固定吊架和电动吊架安装。在预埋安装吊架时，须保证投影机镜头正对银幕中央。吊架安装要求横平竖直，安装牢固。应采用水平尺对安装好的吊架进行检查。

安装固定后应规范连接相关的电源、信号和控制线缆，调整机身水平，镜头垂直面指向幕布，再进行其他调节，诸如调整投影机高度，聚焦缩放，梯形校正，测试信号等。

（3）幕布安装

核对幕布尺寸，电动幕布盒的尺寸，按说明书要求进行制作与安装，并进行电动幕布电源线敷设、接续以及遥控装置安装，完成电动幕布行程调节。

（4）电动吊架安装

确定安装距离位置及开孔尺寸，吸顶安装或吊筋安装或焊接钢架安装。并进行电动吊架行程调节，线缆绑扎。

（5）机柜设备安装

设备安装顺序应与信号流程一致；机柜安装顺序应上轻下重，无线传声器接收机等设备应安装于机柜上部；功率放大器等较重设备应安装于机柜下部，并应由导轨支撑；机柜设备安装应该平稳、端正，面板应排列整齐，并应拧紧面板螺钉；带轨道的设备应推拉灵活；内部线缆分类应排列整齐；各设备之间应留有充分的散热间隙安装通风面板或盲板；电缆两端的接插件应筛选合格产品，并应采用专用工具制作，不得虚焊或假焊；接插件需要压接的部位，应保证压接质量，不得松动脱落；制作完成后应进行严格检测，合格后方可使用。

机柜内各设备上下都必须留 1U 空白面板空间。

（6）操控室设备安装

配备控制操作台，放置调音台、DVD、VOD 卡座、MD 机、各类灯光控制台、显示器、笔记本电脑等。

所有音控室内设备（调音台）需要用标签打印机做上标签，没有条件的用标签纸用黑色粗笔写上设备名称，包括各控制器的分路（如调音台的各输出输入端、各灯光控制台的功能按键和推子等）。在音控室的显眼处需粘贴一张简单开关机顺序和操作说明。舞台地插内部各接口均需做好标签，地插开口根据实际要求需一致，地插面板尽量于舞台平齐，不允许有空着的地插孔，实在没有的用空白模块。舞台上不允许有线路在外的线路，数字会议话筒线也需从舞台主席台内部隔间相互连接至地插。舞台返听音箱需在主席台两侧包围整个主席台。连路由地插至音箱，有必要时中间需走线槽。所有连接至音箱的音箱线均需隐蔽，根据现场情况，实在隐蔽不了的走线槽，尽量只留出从音箱背后到隐蔽口的一小段裸露线路。如图 1-59 所示为调音台的线缆连接后的现场图。

图 1-59　调音台线缆连接后的现场

5. 系统调试

（1）扩声系统调试

设备单独开机时，从音源开始逐步检查信号的传输情况。首先将功放等后端设备全部关闭电源，在检查过程中逐步打开。检查顺序为：音源设备→调音台→均衡器→激励器（可选）→反馈抑制器（可选）→效果器→功放→音箱。

检查时要顺着信号去向，逐步检查设备电平设置、增益、相位及畅通情况，保证各个设备都能得到前级设备提供最佳信号，也能为下级提供最佳信号。在检查信号同时，应逐一观察设备工作是否正常。

扩声系统声学特性反映的是扩声系统与声音效果的关系，其中主要指标分别为最大声压级、传输频率特性、传声增益、声场不均匀度、系统总噪声级、早后期声能比几个参数。

1）最大声压级

最大声压级是指扩声系统完成调试后，在厅堂内各测量点可能的最大峰值声压级的平均值。最大声压级的指标主要是考核厅内扩声系统的扩声能力，并不仅仅反映音量开足时能放多响，它还受到最高可用增益（如系统中有传声器的话）的制约。对于系统不仅要求它有足够的功率放大能力，还要求它配有能承受高功率的宽频带音箱，并且各音响设备之间要有良好的配接。标准中规定了文艺演出类扩声系统一级的最大声压级应大于 106dB。提出了系统最大声压级的下限，并不等于说它必须工作在 106dB以上。考虑到高声压级对人体和环境的影响，建议正常使用应在90dB 以下为宜，短时间最大声压级应控制在 110dB 以内。

2）传输频率特性

在稳定工作状态下，厅堂内各测量点稳态声压级的平均值相对于扩声设备输入端的电平的幅频响应。它反映了通带内的不均匀性。通带的确定视不同要求而定，指标主要决定于扩声系统中扬声器系统的电声特性和分布以及厅内声吸收和扩散等设计。对于文艺演出类一级要求 80～8000Hz 内允许声压级的起伏不大于 ±4dB，以这一频段的平均值为 0dB，向两端扩展，在 40～16000Hz 范围内起伏在－10～＋4dB 以内。这是考虑到对于大量节目源信号的功率谱的统计平均，其主要能量分布在这一频段内。要如实地反映原节目信号，则要求在这一频段内的频率特性应该平直，但考虑到实际情况，如扬声器系统的特性和室内声扩散等因素，提出了起伏的范围，对于一级厅堂来说，此要求是比较高的，但是经过仔细的选择和调节是能做到的。

3）传声增益

它是指扩声系统在最大可用增益（即在声反馈临界状态时的增益减去 6dB）状态时，厅堂内各测量点稳态声压级平均值与扩声系统心形传声器处稳态声压级的差值。传声增益就是声音的放大量，测得的差值越大，说明该厅传声增益越好，亦即使用传声器时音量可开得较大。影响传声增益的唯一因素是声反馈。具有传声器的扩声系统，它的声输入端传声器也在扬声系统产生的声场中，扬声器发出的声音经传声器输入，然后放大，又经扬声器输出。在某些频率点，当传输信号的相位达到正反馈时，扩声系统就会产生啸叫，使系统无法正常使用。它决定于声源的位置、扬声器系统和传声器的指向特性和频率特性以及厅内的声学处理。传声增益越高，扩声系统的声音放大量越大。提高传声增益的办法是抑制声反馈。例如，使音箱的声音不容易传到传声器中（让传声器远离音箱，或利用音箱和传声器的指向性避开）也可使用抑制声反馈设备，如均衡器、反馈抑制器和限制器（阈值调到反馈临界点上），此外还有建声设计上的考虑等。

4）声场不均匀度

它是指厅内各点稳态声压级的极大值与极小值的差值。它要求厅内各点的声场分布要均匀，在厅内各位置都能达到同样的聆听效果。这与厅内扬声器的布置、指向特性以及声学设计有关。一般要求中高频（1000Hz 和 8000Hz）的不均匀度小于 8dB，低频（100Hz）放宽一些可到 10dB，这是因为低频的不均匀度主要决定于室内的声吸收处理，不易做好，低频声容易发生干涉，造成大的声场起伏，此外，与人耳对低频不甚敏感也有关。

5）系统总噪声级

扩声系统在最大可用增益工作状态下，厅堂内各测量点扩声系统所产生的各频带的噪声声压级（扣除环境背景噪声影响）平均值，并以 NR 曲线评价。

噪声是令人感到烦恼的一种声音，剧场等的噪声主要来源于外界的干扰和内部空调器及电器发出的噪声等。剧场大多建在闹市区，外界的交通噪声干扰很大，设计建造时应考虑隔声的要求，对厅内空调和电器发生的噪声则应采取相应的措施，减少对人们的干扰。减小音响系统本身（除空调和外界干扰外）噪声的措施如下：

在工程施工时要注意抗干扰，例如弱信号线（如传声器线）

要屏蔽，采用平衡传输方式，远离音箱和电源线并防止晶闸管调光干扰，音响与灯光不共用同一交流电源，音响使用交流稳压电源供电等此外，接地应良好（包括机柜、机壳）。

减小音响系统的本底噪声，除选用本底噪声小的设备外，还可使用噪声门或降噪器。噪声门一定要位于功放前，并正确调整。调整方法是在系统无声音信号输入时，将噪声门的阈值调到最小，再慢慢提升阈值，指示灯一亮即停。

6）早后期声能

室内声音是由直达声、早期反射声、混响声组成。早期反射声的一个主要作用是可以提高清晰度。这种作用是以早期与后期声（混响声）的能量之比来表示的，又称早后期声能比，它定义

为：$Er = 10\lg\left[\dfrac{\displaystyle\int_0^{0.080s} p^2(t)\mathrm{d}t}{\displaystyle\int_{0.080s}^{\infty} p^2(t)\mathrm{d}t}\right]$ 式中 p 为声压。C80 亦称明晰度

（Clarity），通常作为音乐信号的一个指标。对于语言信号，又提出一个清晰度（Difinition）指标，简称 D 值。

C80 值越大，清晰度越高。但是对于音乐演出，往往强调混响感，所以 C80 的容忍度可以宽些，有时 C80 的取值低至-5dB 仍可被接受，但一般不宜低于-4dB。C80＝0dB 时，即使是很快节奏的交响乐曲，主观上仍认为有足够明晰度。如果 C80 值太高，例如大于 2dB，则会觉得缺乏混响感了。所以通常 C80 取-2～+2dB 为宜，对歌剧院应为-2～0dB。顺便指出，国家标准 GB 50371—2006 的文艺演出类扩声系统特性指标中的 C80 值定为大于或等于（亦即不低于）+3dB 是有问题的。

（2）视频显示系统调试

显示系统的调试应对视频显示屏单元显示图像的边缘应横平竖直并充满整个屏幕，不应有明显的几何失真，各相邻显示屏单元间的光学拼接不应有明显错位，各视频显示屏单元间的图像拼缝宽度应符合设计要求。各视频显示屏单元的色温、像素、灰度

等级等应符合设计要求，并应逐一测量，同时应做文字记录。各视频显示屏单元的显示屏亮度、色度均匀性、对比度应调整到符合要求，同时测试各显示单元屏幕的视角，相邻屏幕之间不应出现遮挡像素的现象。

（3）控制系统调试

控制系统的调试应能使各设备正常协调工作实现系统各项功能。信号源组群控制应能对各类信号源进行分类、分组管理，选取信号应方便、直观。显示屏上显示的图像窗口位置及大小应能在系统控制软件上实时显示，系统控制软件应能在终端实时管理显示屏上的所有显示窗口，应能对每个显示窗口的显示属性进行各项参数的调整，显示预案预置和调用，系统控制软件应能方便地将当前的显示状况设置为预案，同时也应能方便地调用所有预置的预案和相关参数。系统控制软件应具备对操作人员分级管理的功能，远程多用户应能按预授的权限在大屏幕上分区域操作，网络用户不应相互干扰。

6. 常见故障分析与排除

（1）会议系统设备故障分类：

1）初期故障期：原因多属于设计问题、制造的缺陷、零件装配不当、使用者的操作不当、搬运过程中的磕碰。对刚买进的会议设备，要认真进行安装、调试、按流程严格验收，通过产品测试来降低故障率。对于制造商保证产品质量以及运输过程设备安全。

2）偶然故障期：这一时期是属于设备的正常运转期，故障率相对较低，由于使用者的一些操作不当和疏忽，而出现的故障。因此重点是正确使用，减少不规范操作。

3）磨损故障期：大部分原因是长期运行造成的，例如设备磨损、化学腐蚀、工作环境影响。降低故障率，除了日常检查以外，把寿命到期的零部件予以更换和改善维修。

以上三个时期中，都可以提高设备的可靠性和维修服务等途径进行改进。

（2）会议系统的故障检查方法

由于会议系统中运用技术十分复杂，使用过程中出现的问题和故障多种多样，要做好会议系统的维护工作，首先就要懂得如何分析这些故障。

进行视频会议时，经常会出现画面突然"卡住"的情况，这种现象的原因常常是网络线路故障，或者局域网流量过高。此时，应该检查网络线路是否发生损坏，检查接口处是否发生损坏或者松动。对于局域网流量过高，其解决措施就是降低 IP 呼叫的速率，降低局域网流量。

出现画面不稳或者画面迟缓的现象，产生这种情况的原因主要有三种：一是网络发生堵塞。解决这个问题的方法就是降低 IP 呼叫的速率，重新进行呼叫。二是画面动作太多。解决这一问题应该减少画面动作，例如参会人员尽量不要做出大幅度动作，选择动作较少的画面背景也是解决这个问题的有效途径，例如参会人员身后尽量不要有人员走动，避免画面中存在过多运动的物体。三是画面质量设置偏高。要解决这一问题，只要将画面质量的设置调低即可。

视频电话功能会出现故障使可视电话功能不能正常使用。产生这种现象的原因主要有两个方面：一是网络设置错误。解决这个问题，可参照使用说明书，对网络设置进行调整。二是使用者处于专用网或者防火墙之内。解决这一问题，也需要将通话双方的网络设置进行调节，把对方或者自己移出专用网、防火墙。

使用视频会议系统过程中，有时屏幕上会一直显示未获得 IP 地址的体表。造成这种现象的原因有两种：一是自动获取地址失败，则应该检查地址分配服务器是否存在。二是 ADSL 登录失败，则应该确定 ADSL 的口令和密匙是否正确。

除以上几种问题之外，会议系统运行过程中，有时屏幕上会一直显示注册失败的图标，要解决这种问题，应该检查地址是否正确。

（3）液晶投影机故障检查方法

首先，液晶投影机体积小，投影机灯光产生的温度高。因此机内普遍采用风冷方式降温，这就不可避免地将空气中的灰尘带入机内。长期不清洗，将造成投影机内部散热、绝缘能力、投影效果、使用寿命等的下降，所以清除机内聚集的灰尘是液晶投影机维护保养的主要任务之一。

其次，投影机内的光学系统除了滤光、透光、中继聚光、反射、偏光等功能外，有些光学部件设置是为了高温隔热、避免烧坏偏光板或液晶板而设置的，如果该部件（因灰尘聚集影响从而造成局部光能增加）失效，将无法起到应有的隔热效果，导致液晶板损坏，所以需要定期检查维修及清洗。再有，正常情况下，投影机灯泡使用后期亮度下降，这时即使灯泡未坏，也最好不要使用，因为此时的灯泡容易爆炸，灯泡炸碎的同时也极易将高温隔热玻璃炸碎，这样的隐患只有通过定期检查方可避免事故的发生。

液晶投影机电器部分的故障率较低，除灯光是易损件，到时必须更换外，就是镜片的故障率高。各组镜片中偏振片的损坏又最为常见，大部分是镀层被烧伤，而偏振片上的镀层灼伤又与所使用的灯泡、机内环境温度息息相关。因此定期除尘，检查散热系统，使机器工作在较佳的环境下，是延长机器寿命的关键所在。

风扇清洗。风扇分吸气风扇和排气风扇。排气风扇较易清理，卸下后，用毛笔加吸尘器即可方便地把灰尘清扫干净。由于安装位置的关系，吸气扇取下的风叶不易直接看到，而风叶上的灰尘却往往积得厚，所以一定要把吸气扇取下彻底清理。

机壳及电路板风扇的灰尘清洁后，要对机壳及电路板进行除尘。各板之间都是接插件连接，只要分离开各接插件，即可将各部件取出。用柔软的排笔刷去灰尘，对各零部件需用精密仪器专业清洗。在分离各板卡时，应对照维修手册对接插件对应次序及连接走线位置都必须做相应记录。清洗镜片时最好在镜片架中取出一块清理一块，处理好后插回原处。一定要记住镜片取下时的安装位置及正反面，特别是偏振片。清理镜片可用药棉在镜片上轻轻擦洗，防止损坏镜片或使镜片起毛。液晶屏的清理，除注意上面的操作外，应严格避免损坏排线。对投影机各部位进行清洗完毕后，参照维修手册进行组装，特别要注意接插件次序及连线走线位置。组装完毕后必须进行一次全面检查后方可开机。最好进行三色会聚调整，通过会聚调整软件及专用仪器进行调整。

（九）信息导引及发布系统

1. 系统概述

信息导引及发布系统是具有公共业务信息的接入、采集、分类和汇总的数据资源库，并在建筑公共区域向公众提供信息告示、标识导引及信息查询等多媒体信息发布功能的系统。

信息导引及发布系统采用 B/S 架构或 C/S 架构，基于分布式网络，利用显示终端将业务宣传、实时通知、图文广告等全方位展现的一种高清多媒体显示技术。系统可以有效整合各种多媒体资源，实现随时随地远程制作发布、管理、更新节目，系统将音视频、电视画面、图片、动画、文本、网页、流媒体、数据库数据等组合成一段段精彩的节目，并通过网络将节目实时推送至分布在各处的媒体显示终端，从而将精彩的画面、实时的信息全方位地展现在各种场所。信息发布系统广泛应用于银行、证券、超市、商场、机场、车站、码头、政府、酒店、展会、医院、楼宇、科技馆、学校、影院、KTV、餐厅、社区等。

2. 系统功能

信息导引及发布系统一般由信息播控中心、传输网络、信息发布显示屏或信息标识牌、信息导引设施或查询终端等组成，并应根据应用需要进行设备的配置及组合。根据建筑物的管理需要，布置信息发布显示屏或信息导引标识屏、信息查询终端等。应根据公共区域空间环境条件，选择信息显示屏和信息查询终端的技术规格、几何形态及安装方式等。播控中心宜设置专用的服务器和控制器，并配置信号采集和制作设备及相配套的应用软件；应支持多通道显示、多画面显示、多列表播放和支持多种格式的图像、视频、文件显示，并应支持同时控制多台显示端设备。

3. 系统架构

信息导引及发布系统由：信息播控中心、传输网络、信息发布显示屏或信息标识牌、信息导引设施或终端等组成四部分组成，通过网络编解码的方式实现信息的处理。

系统通常采用 TCP/IP 传输协议，由中心控制系统和显示终端结合工作。系统软件构建了一个通过集中管理实时多路播出的具有统一调度与灵活分组分区的多媒体信息发布平台，操作人员通过用户账号校验登录到控制服务端进行节目内容采集、编排、发布和管理等功能操作，节目通过网络传输到各显控终端进行实时播放。典型的信息发布系统，如图 1-60 所示。

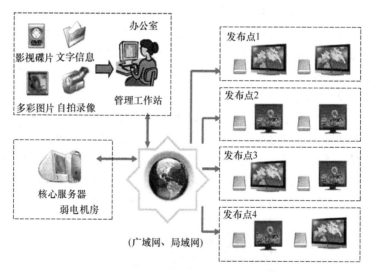

图 1-60　信息发布系统

（1）信息播控中心

采用服务器或者播控工作站，一般部署在后端控制机房，用于安装信息发布系统软件，对整个系统的内容和设备进行管理，采用集中远程控制模式，控制各区域显示终端，能够对显示终端IP进行管理，可以实现群组或单点控制。系统可控制多媒体控制器和显示设备的远程开关机、设备监控、终端播放状态以及硬盘存储情况，检测前端播放的画面是否正常，并灵活删除显示终端的冗余节目和过期节目。控制中心将各类信息源进行编排，按时间制定播放任务列表。

当系统终端数量较少时，可配置1台高性能服务器；当终端数量较多，宜增配媒体服务器、数据库服务器，以提高系统响应速度和整体稳定性。具体服务器的配置参数和数量要结合不同信息发布系统软件要求及项目设计和实际需求确定。

（2）传输网络

信息发布系统通常借助于项目本身的外网或者设备网（内部局域网）平台，一般不单独组网。例如，在常见的教育类、行政类项目中，信息发布系统与一卡通、广播等系统共同运行在设备网之上，并根据网络总体规划及管理需求，对其网段、网络地址进行统一规划。

（3）终端

系统终端主要包括各类多媒体网络播放器、媒体播放机、播放控制器，目前也有播放设备内置在显示终端的一体机。各个终端网络播放器可以播放相同的多媒体节目，并可对多路相同的节目按照分组方式发布节目，也可针对每个终端网络播放器单独指定播放内容。如图1-61所示为常见的网络播放机。

图1-61　网络播放机

终端网络播放器接收和执行服务器控制端发布的信息及控制信号，通过分控端软件自动按照时间表播出，支持横屏、竖屏播放。目前主流的网络播放器内置闪存或者硬盘存储功能，或者支持外插 U 盘，文件传输可采用在网络带宽空闲条件下发送大容量的播放节目，在白天进行播放，不影响和占用办公网络，并且在网络断开或服务器瘫痪的条件下，不影响前端的正常播放。当播放实时数据、视频直播以及紧急插播的时候，则需要网络畅通。对于服务器控制端已经分发过的节目，再次播放时无须再次发送，而对于最新传输过去的节目，网络播放器将严格按照时间列表和顺序进行自动更新和播放。

终端网络播放器一般通过网络进行连接，解码输出音视频信号后连接到各类显示设备。网络播放器到显示终端的连接采用视频线缆（VGA、DVI、HDMI 线）、音频线（根据环境和项目要求）、RS232 协议控制线（如果对液晶屏要求定时的开机、关机，则液晶屏应提供 RS232 控制口和控制协议）、音频信号一般接入显示设备附近的专用音箱。如图 1-62 所示为网络播放器连接显示设备的连线图。

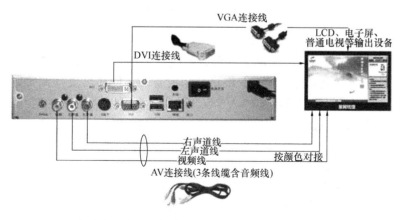

图 1-62　网络播放器连接显示设备示意图

对于 LED 全彩拼接屏，需采用专用的 LED 屏网络播放器，如图 1-63 所示。

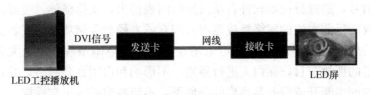

图 1-63　LED 播放机连接 LED 大屏

一般情况下，采用 VGA 线缆时，距离不宜超过 30m；采用 DVI、HDMI 高清数字线缆时，距离不应超过 15m。超过上述距离时，需采用相应的信号延长设备，解决长距离传输、布线以及控制设备统一安放管理的问题。可根据播放器到显示屏之间的距离选择不同型号的音视频信号收发器，中间采用超五类非屏蔽双绞线（UTP5）或者光纤传输。如图 1-64 所示为采用 VGA 双绞线延长器进行远距离传输。

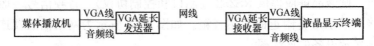

图 1-64　VGA 双绞线延长器

（4）信息发布显示屏

主要包括各类液晶显示屏、触摸查询机及一体机、LED 条屏、LED 全彩拼接屏等。根据显示设备的不同，可支持调整播放画面的显示比例：如 4∶3 或 16∶9，也可以调整为 3∶4 或 9∶16 的竖屏显示。

信息发布所用的显示设备主要分为液晶屏和 LED 屏，下面分别简单介绍。

1）液晶显示屏，英文简称为 LCD，全称是 Liquid Crystal Display，广泛应用于电视机、计算机等各类显示终端。具有耗电量低、体积小、辐射低、色彩鲜艳、清晰度高、安装方式灵活方便、后期维护费用低等显著优势。液晶显示器的基本显像原理，是将液晶置于两片玻璃之间，靠两个电极间电场的驱动，引起液晶分子扭曲向列的电场效应，以控制光源透射或遮蔽功能，在电源关开之间产生明暗变化，从而将影像显示出来。

2）LED 显示屏是利用发光二极管点阵模块，或像素单元组成的显示屏幕。由于它具有发光率高、使用寿命长、组态灵活、色彩丰富以及对室内外环境适应能力强等优点，并且具有超大画面、超高亮度、超远距离、超强视觉，灵活多变的显示方式等独具一格的优势，广泛应用在交通、证券、电信、广告、宣传等众多领域。按 LED 像素的基色分为单基色、双基色、全彩色；按使用场所分为室内屏和室外屏。LED 屏常见的规格有 P3mm、P4mm、P5mm、P6mm、P10mm 等，数字表示两个相邻的像素点之间的间距，间距越小，单位面积的 LED 屏的像素点越多，图像显示得越清晰。

4. 设备安装

信息发布系统的服务器一般安装在机房的弱电机柜内，根据说明书，按照配置要求，完成网络操作系统、数据库软件、信息发布系统软件的安装，并根据项目规划设置网络参数。

（1）设备的安装施工注意问题

1）播放器到显示屏连接需要一条视频信号线和一条音频信号线，建议 VGA 线长度不得超过 20m，HDMI 线长度不超过 10m。

2）根据装修情况确认 VGA 线和音频线（或 HDMI 线）是否需要提前布进去。

如果前期只预留线管，请尽量不要有 90°的弯角，否则后期穿 VGA（或 HDMI）线很困难。

3）播放器和显示屏都需要 AC220V±5％供电，应采用具有保护接地线的三眼插座。电源电压要稳定、可靠，特别防止断电后立即加电。在屏和播放器附近预留供电电源，一般配 2 个 5 孔插座，播放机和显示屏各用一个。播放器自带电源线缆长度为 1.5m。

4）提前预留出播放器的安装位置，吊顶内应预留检修口。

5）播放器上 VGA 接口是母头，需配公口 VGA 接口的线；播放器上音频接口为 $\phi 3.5\text{mm}$ 母口，需配 $\phi 3.5\text{mm}$ 公头音频线。

6）确认显示屏的安装墙面能够牢固固定显示屏。若是石膏板，需加类似木板的墙面加强材料。

（2）终端设备的安装

终端网络播放器的选型根据设计要求及项目现场实际安装环境确定。终端网络播放器需要散热，安装时不得挡住散热孔。播放机配有壁挂小支架，根据实际需要选用，如图 1-65 所示为终端网络播放器的安装图。

图 1-65 终端网络播放器的安装

在实际工程中，一般有两种安装方式：

1）分散安装在前端显示设备附近

一般弱电工程中可将网络播放器灵活地根据实际工程情况需要，放置在显示屏上方吊顶龙骨上，并在吊顶设置检修口。也可安装在显示屏的后面，例如电梯厅信息发布用的液晶显示屏，一般嵌入式安装在墙壁上，网络播放器则安装在显示屏后面，播放器到显示屏的音视频线缆很短，有利于减小信号衰减；而这种安装方式由于隐蔽、分散安装在前端，不利于后期的维护、检修。在竣工图中要明确网络播放器的具体安装位置。

2）集中安装在机房或者弱电井

通常放置在弱电机柜或者壁挂。这种安装方式导致播放器到前端显示屏的音视频线缆较长，甚至需要采用信号延长设备，从而增加工程造价，并在一定程度上影响信号质量。另一方面，这种安装方式由于集中安装在机房或者弱电井，特别是当系统规模较大时，便于集中管理，并有利于后期的维护、检修，如图 1-66 所示。

图 1-66　网络播放器集中安装于机柜

网络播放器的设置，根据规划的网络环境配置本机 IP 和服务器 IP 即可，其他基本不用设置。

（3）信息发布显示屏

根据前期设计，并紧密结合现场装饰装修情况，与现场环境相协调，安装牢固可靠，并注意装修的成品保护。特殊情况下，安装完成后需要装修单位的配合进行收边收口。

1）液晶显示屏的安装方式多样，如墙壁挂架安装（直接壁挂或者墙壁开孔嵌入式安装）、支架吊装等，用于发布各类多媒体信息。如图 1-67、图 1-68 所示。

图 1-67　墙壁挂架安装液晶显示屏　　图 1-68　吊装液晶显示屏

2）触摸查询屏通常采用落地式安装或者墙壁嵌入式安装，本身相当于嵌入式网络设备，配置相应的定制触摸查询软件，一般直接接入网络交换机，用于各类信息查询，如建筑物楼层分布介绍、电子地图、区域导引、服务查询。如图1-69所示触摸查询机。

图1-69　触摸查询机

3）LED条屏一般采用嵌入式、壁挂式、立柱式，常用在建筑物入口门上方或者会议室台檐下，用于发布文字类的简短的欢迎词、通知等；LED全彩拼接屏一般安装在重要建筑物的门厅或者外立面，作为系统中主要的显示设备，满足各类多媒体信息发布的需要，特别是视频信号的发布，效果突出，如图1-70所示为室外壁挂式LED全彩拼接屏。LED全彩拼接屏由于面积较大，安装时要特别关注，做好大屏钢架的预埋安装、电源的规

图1-70　室外壁挂式LED全彩拼接屏

划、安全接地等，安装于建筑物外立面大屏，达到一定规模、安装高度的，还需编制相应的专项施工方案，经过相关的审批流程，方可实施，如图 1-71 所示。

图 1-71 室外 LED 大屏钢结构

在实际工程中，LED 屏的安装方式多种多样，如图 1-72 所示。

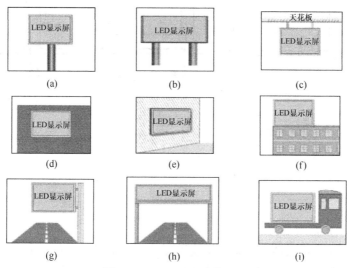

图 1-72 LED 屏的安装方式

（a）单立柱式；（b）双立柱；（c）悬挂吊顶式；（d）嵌入式；
（e）壁挂式；（f）楼顶支撑式；（g）F 架式；（h）龙门架式；（i）车载移动式

（4）典型信息发布系统的安装

1）立式落地屏安装

① 屏体安装时，请将底座安装孔与机身底丝孔相对齐，然后用工具拧入对应的螺钉，如图 1-73 所示。

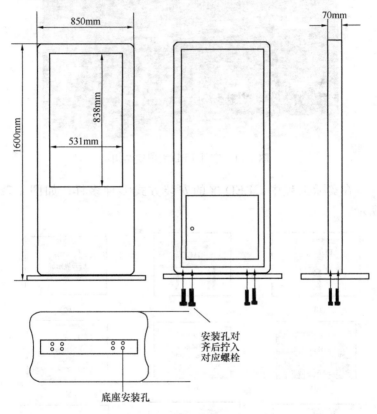

图 1-73　屏体落地安装示意

② 播放器安装

安装播放器小支架。播放器配有壁挂小支架，安装孔对齐后拧入对应螺钉。将媒体播放器固定到屏体内。用屏体自带的钥匙打开工程门，将媒体播放器固定在屏体内预设的播放机安装架上，注意不要遮挡播放器散热孔。

③ 连接相应线缆

根据需要将 HDMI 线或 VGA＋音频线、USB 线、电源线、网线等屏体内外线缆分别插入播放器及屏体外相应插口，并确保接口无松动，将线缆整理整齐，并用扎带扎紧、固定。

2）媒体发布一体机的安装

① 设备安装示意如图 1-74 所示。

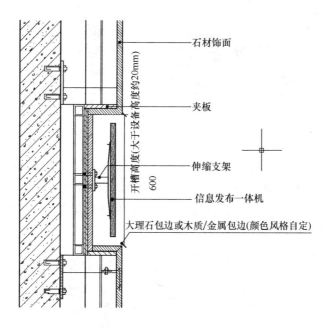

石材饰面

夹板

伸缩支架

信息发布一体机

大理石包边或木质/金属包边(颜色风格自定)

开槽高度(大于设备高度约20mm)

600

图 1-74　媒体发布一体机安装示意

② 确认显示屏的安装墙面是实墙或能够牢固固定显示屏。若是石膏板，需加类似木板的墙面加强材料。

③ 媒体发布一体机采用壁挂式安装方式，需要壁挂架安装在实墙上；如果是石膏板墙面，需在装修时在石膏板墙面上加一层大芯板；如果是大理石墙面，需要跟装修配合。

④ 为了达到舒适的观看效果，媒体发布一体机距离地面 160～180cm 之间。

⑤ 用伸缩式壁挂架，嵌入式墙面安装设备，如图 1-75、图 1-76 所示。

开口处理石墙面

实体墙面

开口处理石墙面

图 1-75　伸缩式壁挂架　　　　图 1-76　伸缩式壁挂架安装示意

⑥ 安装方法：利用大理石龙骨与墙面之间空间安装壁挂架及媒体发布一体机，根据媒体发布一体机尺寸提前切割大理石（需装修配合）。设备安装的大理石墙面后龙骨架空间内安装示意如图 1-77 所示。

图 1-77　大理石墙面后龙骨架空间内安装示意

屏幕外边缘与大理石墙面平齐，安装效果如图 1-78 所示。

图1-78　媒体发布一体机嵌入式安装效果

⑦ 注意事项

媒体发布一体机背后，应预留220V电源接口、RJ45网线。媒体发布一体机四周与所开的孔槽之间，应有一定距离，不要完全贴合，避免影响散热。

5. 系统调试

信息导引及发布系统在进行设备调试之前，必须对设备及线路进行检查，确认设备的型号、安装位置、安装方式符合设计要求；确认设备安装牢固可靠，特别是前端显示设备如液晶显示屏、LED大屏等；确认各设备信号、电源线路连接正确，接地良好；确认网络通信正常。设备调试前要熟悉相关技术文档，明确调试方法、步骤、要求。

信息导引及发布系统通过单个设备调试，功能满足设计要求，且各组成设备工作正常，即可进入系统调试阶段。在系统调试前需制定系统调试计划，熟悉技术资料，包括技术文档、相关图纸等，进行技术交底和安全交底，做好人员、设备、工具、安全措施，明确调试重点、方法步骤、目的。系统调试完成后，要及时完成相关调试表格填写，梳理发现的问题，落实整改措施和责任人，并限期完成，积极推进项目实施。

（1）系统调试准备条件

1）系统调试开通前，要确认设计配置的各服务器工作正常。配置的服务器、监控计算机的软件系统参数、处理功能、通信功能应达到设计要求，特别要检查服务器操作系统、数据库系统的版本是否符合系统及设计要求。

2）确认网络平台工作正常。信息导引及发布系统通常划分在项目本身的外网或者设备网（内部局域网）平台，一般不单独组网。

3）确认终端网络播放器工作正常。加载文字内容、图像内容，调试、检测各终端网络播放器应正确显示发布的内容，且各终端网络播放器的音、视频播出质量，应达到全部合格。

4）确认显示设备工作正常。主要包括各类液晶显示屏、触摸查询机及一体机、LED条屏、LED全彩拼接屏等，应达到正确的亮度、色彩显示。

（2）系统调试内容

信息导引及发布系统调试的目的，是从整体系统角度来检验系统功能是否能够达到设计要求和技术规范书的要求。系统调试的内容要结合系统自身的功能进行。典型的信息导引及发布系统一般具备以下功能：节目制作（节目编辑、素材管理、模板管理）、节目发布、系统设置、系统控制（传输管理、权限管理、日志管理、终端控制）等。

例如以下是某项目的技术要求，系统调试紧扣技术要求进行：

1）支持脱机发送：在网络瘫痪等紧急情况下能够使用USB存储器在主控端脱机发送，并将该USB存储器插入终端网络播放器即可进行对应显示端的播放，在网络断开或服务器瘫痪的条件下，不影响显示端的正常播放。

2）播放列表：可通过制定、编辑节目播放列表，网络管理播放顺序。

3）播放时间控制：播放列表设定多个媒体内容的播放时间次序。可定时播放、指定时间播放、随时插播、指定年月日时分秒播放、空闲播放、手动触发播放、循环播放、优先播放、计次播放等，可以对发布时间（开始，持续，结束）、发布顺序等进行编制和定义管理。

4）屏幕划分：显示屏幕划分成多个区域，每个区域可根据客户需求播放不同的多媒体节目，可设置不同大小。用户可以利用系统中提供的固定模板，用户也可以通过系统的模板制作模块，自己任意拖拉制作新的分割画面模版。可预定所有区域的播放日期和时间，也可对每个区域设定一个独立的播放时间表。

5）显示模板：系统需配有免费的布局模板编辑工具，用户可以利用系统中提供的固定模板，也可以通过系统的布局模板编辑工具，自己制作新的分割画面模版在节目编排时使用。

6）滚动字幕：可以随时随地的向各显示播放端发布"滚动字幕（跑马灯信息）"，而且"滚动字幕"的字体类型、大小、颜色、滚动速度与位置都允许调整。

7）播放图片需有多种切换效果，如百叶窗、插入等，播放文字信息时具有透明、半透明等显示效果，且播放位置可随意设置。

8）具有紧急信息和临时信息的插入播放功能，紧急信息或临时播放完毕能够自动切换到原播放节目。

9）可在主控端控制和调节各个显示终端的声音大小，可以进行分时段的音量设置。

10）可将 LED 等显示设备通过系统进行统一集中管理和播放。

（3）系统调试要求

1）应对系统软件操作界面的所有菜单项，显示准确性、显示有效性的功能进行逐项检验。

2）应对系统的网络播放控制、系统配置管理、日志信息管理的联网功能进行逐项检验。

3）应检测系统终端设备的远程控制功能。

（4）软件系统工作流程

信息导引及发布系统软件通常包括服务端软件（server 端）、客户端软件（client 端）。

1）编辑生成/直接拿到要播放的素材。操作员可根据实际情况选用自己熟悉的工具来生成素材，这些工具不包含在信息发布系统中，例如用办公工具（Office Power Point/Word/Excel 等）制作演讲稿、文档、表格；用图形工具（画笔/Photo Shop）生成图片；用网页制作工具（Dream Weaver）制作网页；用非线编工具（Premiere 或者绘声绘影）编辑视频等。对于文字类的素材（比如通知、滚动字幕），可以直接在信息发布系统中设置字体大小、颜色、背景图片、滚动参数等。

2）对显示端进行管理，如设置显示端名称，对应 IP 地址，开关机时间等，这些设置应该在部署系统的时候都设置完毕，一般情况下日常操作中不用去改动，只需要关注显示端状态即可。

3）节目单编排，向节目单中添加素材任务项，为每个任务指定播放时间、播放位置和播放特效等。

4）编辑好节目单后，选择需要播放此节目单的显示端，如果多个显示端指定同一个节目单，则这些显示端将播放相同内容，如果想播放不同内容，则每个显示端要编排不同的节目单。编排好节目单并设置显示端后，通过任务分发将节目单分发到显示终端。

5）在显示端播放节目单过程中，可以通过重启节目单播放、停止节目单播放、远程查看节目单播放等功能监控任务的播放。

6. 常见故障分析与排除

（1）浏览器登录不上控制界面

解决方法：检查防火墙是否关闭，检查相关端口设置是否正确；检查服务器软件是否已经打开，需打开服务器软件；检查网络环境：后台操作的电脑 ping 服务器电脑，网络连通才能登录（若用服务器电脑做控制平台则略过）。

（2）网络不能连接

解决方法：若用 WIFI 连接的，请检查设置——WIFI 是否已经打开，是否已经显示连接上，可尝试重新连接，有线连接的检查网络设置是否正确。

（3）节目没声音

解决方法：确认机器声音已打开，检查声音输出模式是否正确。

（4）个别视频文件无法播放

解决方法：确定服务器端素材存在，并可以下载；确认安装视频解码器；仍无法播放时，尝试转换格式。

（5）LED 调试无法建立通信

解决方法：确定 LED 控制卡成功连接电脑，查看计算机设备管理器中有 LED 的连接信息，并且驱动等都正常安装。

（十）时 钟 系 统

1. 系统概述

时钟系统是能够提供高精度标准校时功能，并应具备与当地标准时钟同步校准的系统。一般用于建筑公共环境时间的时钟系统，宜采用母钟、子钟的组网方式，且系统母钟应具有多形式系统对时的接口选择。

时钟系统主要应用于城市重要公共建筑，如车站、机场、学校、医院、酒店、大型工厂、广场等场所和电信行业的移动及固定电话报时等方面。它提供了准确的公众时间，为人们的日常生活和工作提供便利，避免了因时钟不准确而带来的不便。

2. 系统功能

时钟系统以 GPS 标准时间信号为外部主要时间源，以中心母钟的高稳定度晶振产生的时间信号作为内部时钟源，随时对中心母钟的内部时钟信号源进行校准，使系统实现无累积误差运行。当 GPS 接收单元出现故障或 GPS 系统中的时标校时信号不能使用时，中心母钟系统自动切换到以自身的高稳定度晶振产生的时间信号向子钟、维护终端及其他需要同步时间信号的系统发送校时信号，确保各设备和系统时间严格同步。

3. 系统架构

时钟系统主要由 GPS 接收装置、中心母钟、数字显示子钟、指针式子钟、NTP 服务器、传输通道和监测系统计算机组成。

中心母钟接收来自 GPS 的标准时间信号，通过传输通道传给子钟、维护终端及其他需要同步时间信号的系统，时钟系统框图如图 1-79 所示。

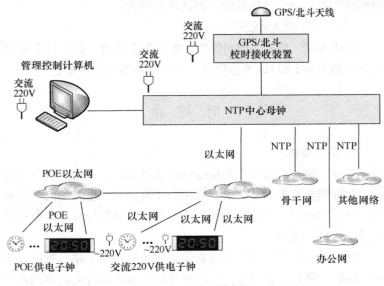

图 1-79　时钟系统框图

4. 设备安装

（1）GPS 天线

天线的安装位置应在母钟机房外，应保证至少三面无遮挡，通过紧固螺栓固定在垂直支杆上。

GPS 天线安装过程中，对土建要求是：装于室外，高于平面 1.5m 以上；周围无遮挡物；在建筑物避雷范围内；抗风力 12

128

级，抗拉拔力 400kgf。

GPS 授时天线安装时其信号接收面应平行于地面，以达到最佳接收效果。同时应考虑周边环境适当调整安装的角度。

电缆线长度多出时不要盘起，应拉直，以免产生电磁场引致信号衰减。

（2）中心母钟

中心母钟外形如图 1-80 所示。

图 1-80　中心母钟外形

母钟内部器件均为模块式，无须连线；与各子时钟之间的连线为不低于超五类非屏蔽双绞线。温度 0～＋40℃，相对湿度 0～75％，防尘、防震。

母钟采用 19 英寸标准 2U 机箱，一般采用机架安装方式安装在 19 英寸标准机柜里，外壳须接地。

（3）单面数字式子钟

单面数字式子钟外形，如图 1-81 所示。

图 1-81　单面数字式子钟外形

单面子钟一般壁挂式安装，信号线和电源线从背后或侧面开孔接入，整体追求简洁，与安装环境协调。

安装位置应远离自动喷淋系统的喷头，安装高度为下沿距地面不小于2.2m。

（4）双面数字式子钟

双面数字式子钟，如图1-82所示。

图1-82　双面数字式子钟外形

双面数字式子钟（含部分单面数字式子钟）一般采用吊装方式。安装前应预埋吊钩，敷设电源线和信号线。

双面数字式子钟（含部分单面数字式子钟）的吊顶最好采用不锈钢吊杆与装饰扣。时钟的电源和信号线缆全部隐藏在吊杆内部，力求达到美观、简洁，维护使用方便。

安装位置应远离自动喷淋系统的喷头，且安装高度为下沿距地面不小于2.2m。

（5）指针式子钟

指针式子钟，如图1-83所示。

指针式子钟一般采用壁挂式安装方式，安装前需预埋固定件，敷设线缆管，信号线和电源线从背后开孔接入，外部需无露线等现象，整体追求简洁、协调。安装位置应远离自动喷淋系统的喷头，安装高度为下沿距地面不小于2.2m。

5. 系统调试

首先，在机房内为机柜供电，然后从上到下打开设备开关，此时应看到设备电源开关灯亮，表明电源已接入设备。如果出现灯不长亮等异常情况，应立即断电处理。机房内设备正常允许后，依次给各子钟上电，并查看子钟是否运行正常。

图1-83　双面数字式子钟外形

（1）软件部署

在电脑上安装时钟系统管理软件。给机柜内设备单独上电，一级母钟、二级母钟主母钟显示时间，备母钟显示日期；NTP服务器液晶板显示日期和时间；机柜内设备工作指示灯闪烁正常。

子钟上电，显示时间，无缺划现象。

（2）功能检查及调整

时钟系统控制中心调试内容，见表1-12。

时钟系统控制中心调试记录（样表）　　　　表1-12

序号	测试项目	测试标准	测试结果	结论
1	一级母钟显示功能	时、分、秒、年、月、日显示正确	合格	
2	一级母钟主备切换功能	如遇故障，一级母钟主备自动切换、互相监测	合格	
3	一级母钟手动校时功能	可以通过母钟前面板调整时间、日期	合格	
4	一级母钟自动校时功能	一级母钟准确接收GPS/BDS时间信号	合格	

序号	测试项目	测试标准	测试结果	结论
5	提供标准时间信号功能	一级母钟能够向其他通信子系统提供标准时间信号	合格	
6	驱动及监测功能	驱动及监测所辖子钟	合格	
7	故障告警功能	出现故障时，一级母钟向网管发出告警信息	合格	
8	单机运行功能	北斗信号去掉后，一级母钟可利用自身晶振发出时间信号并提供给二级母钟和控制中心子钟	合格	
9	子钟显示	子钟时间显示符合设计要求，数码显示色彩均匀一致，亮度醒目不眩目，显示数码清晰，边缘饱满平滑 指针式子钟指针位置准确，运行流畅无卡滞	合格	
10	子钟自动校时	接收母钟提供的标准时间，与母钟同步	合格	
11	故障告警	出现故障时，通过母钟向网管发出告警信号	合格	
12	单机运行功能	母钟信号去掉后，可利用自身晶振发出时间信号工作	合格	

（3）技术指标测试

1）显示功能

技术要求：母钟上显示正确的时分秒年月日。

测试方法：目测。

2）对 GPS/BDS 信号的接收功能

技术要求：一级母钟自动校正至标准时间。

测试方法：目测。

3）主备母钟自动切换功能

技术要求：切断主母钟工作电源，工作状态在 30s 内自动切换至主用母钟，接通主母钟工作电源。

测试方法：目测计时。

4）通信功能

技术要求：通过对一级母钟面板操作，能实时查询本站子钟的状态。

测试方法：操作母钟面板按键。

5）标准时间的输出功能

技术要求：能输出标准格式的时间代码。

测试方法：测试方法：用 RS422-RS232 转换器、笔记本超级终端软件，可检测到一级母钟输出的标准时间信号。

6）NTP 时间服务器网络标准时间的输出功能

审查方法：断开 NTP 时间服务器与网络服务器的连接，修改服务器的时间（加快或减慢 5min）后，恢复 NTP 时间服务器与网络服务器的连接，服务器的时间应被校正为标准时间。

7）数显式子钟时间显示功能

技术要求：显示时间正确。

测试方法：目测。

8）数显式子钟单机运行功能

技术要求：切断子钟与母钟的连接线，观察 5～10min，子钟仍能正常运行，无走时误差。

测试方法：目测。

9）数显式子钟与一级母钟通信功能

技术要求：修改子钟时间比标准时间快或慢，恢复连接，显示时间与母钟同步。

测试方法：目测。

6. 常见故障分析与排除

时钟系统运行时，首先要保证线路畅通，网络正常，电压稳定，其他主要故障现象及维护，见表 1-13。

常见故障及排除方法　　　　　　　　　　　表 1-13

序号	故障现象	故障原因	采取措施
1	母钟走时不准	没收到 GPS 标准时间信号或母钟主板故障	检修母钟主板，GPS 天线及信号传输线检测，检修 GPS 接收机
2	主备母钟切换	主母钟出现故障或 GPS 出现故障	依据监控终端提示，对主母钟进行板件更换
3	监控系统声光报警	系统有关环节出现问题	依据监控终端提示，对相关部件检查更换
4	二级母钟走时不准	没收到一级母钟的标准时间信号；主板坏	检查一级母钟是否有信号传送来；更换主板
5	指针子钟走时不准	没收到二级母钟发来的标准时间信号；控制板出现故障；子钟机芯故障	检查 RS422 接口及传输线是否可靠连接；更换控制板；更换子钟机芯
6	数字式子钟走时均不准	没收到母钟发来的标准时间信号；控制板出现故障	检查 RS422 接口及传输线是否可靠连接；更换控制板
7	数码显示块缺划或多划	对应驱动电路故障；对应的数码管故障	更换控制板；换显示数码管
8	数码显示块亮度不匀	对应的数码管故障（受过压或过流损伤）	换显示数码管

二、公共安全系统

公共安全系统是为维护公共安全，运用现代科学技术，具有以应对危害社会安全的各类突发事件而构建的综合技术防范或安全保障体系综合功能的系统。公共安全系统可以有效地应对建筑内火灾、非法侵入、自然灾害、重大安全事故等危害人们生命和财产安全的各种突发事件，并应建立应急及长效的技术防范保障体系。同时应以人为本、主动防范、应急响应、严实可靠。公共安全系统一般包括火灾自动报警系统、入侵报警系统、视频安防监控系统、出入口控制系统、访客对讲系统、电子巡查系统、停车库（场）管理系统等。

（一）火灾自动报警系统

1. 系统概述

火灾自动报警系统（Automatic Fire Alarm System）是探测火灾早期特征、发出火灾报警信号，为人员疏散、防止火灾蔓延和启动自动灭火设备提供控制与指示的电子信息系统。

火灾自动报警系统探测火灾隐患，肩负安全防范重任，是智能建筑中公共安全系统的重要组成部分。

2. 系统功能

火灾自动报警系统由触发装置、火灾报警装置、联动输出装置以及其他辅助功能装置组成。它能在火灾初期，将燃烧产生的烟雾、热量、火焰等物理量，通过火灾探测器变成电信号，传输到火灾报警控制器，并同时以声光的形式通知整个楼层疏散，控制器记录火灾发生的部位、时间等，使人们能够及时发现火灾，并及时采取有效措施扑灭初期火灾，最大限度地减少因火灾造成的生命和财产的损失，是人们同火灾做斗争的有力工具。

3. 系统架构

火灾自动报警系统由火灾探测报警系统、消防联动控制系统及火灾监控后台组成，如图 2-1 所示。

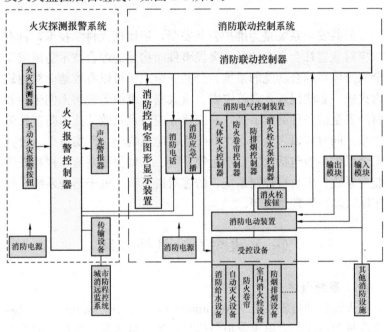

图 2-1　火灾自动报警系统设备构成

（1）火灾探测报警系统

火灾探测报警系统由火灾报警控制器、触发器件和火灾警报装置等组成，是保障人员生命安全的最基本的建筑消防系统。

（2）消防联动控制系统

消防联动控制系统由消防联动控制器、消防控制室图形显示装置、消防电气控制装置（防火卷帘控制器、气体灭火控制器等）、消防电动装置、消防联动模块、消火栓按钮、消防应急广播设备、消防电话等设备和组件组成。

（3）火灾监控后台

火灾监控后台布置于消防控制室内，用于实现火灾自动报警信息的采集、传输、控制、管理和储存，实现监控联网、集中管理、授权用户等功能。通过监控平台网络内任何计算机上对监控现场实时监控，提供了强大而灵活的火灾集中监控综合解决方案。硬件部分由工业 PC 或者服务器及显示器组成，软件为厂家开发的专用监控软件或者通用的组态软件构成。

（4）系统探测器连接

火灾自动报警系统的探测器连接常见的有总线型和多线型两种架构。

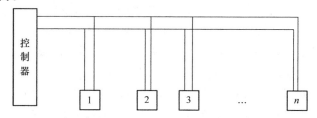

图 2-2　总线型火灾自动报警系统

总线型架构的通用火灾报警控制器，探测器只负责信号采集、变换和传输，控制器主机进行集中处理，如图 2-2 所示。

缺点：建筑规模庞大、探测器和消防设备众多时，主机应用软件复杂庞大、火灾探测器巡检周期过长、系统可靠性降低、使用维护不方便。

多线型架构将火灾信息的基本处理、环境补偿、探头报脏和故障判断等返还给火灾探测器主机进行巡检、算法运算、消防设备监控、联网通信等提高了巡检速度、稳定性和可靠性，但线路多而复杂，如图 2-3 所示。

（5）系统常见设备

无论是哪种架构的火灾自动报警系统均包含有以下主要设备：探测装置、触发装置、火灾报警装置、联动输出装置以及具有其他辅助功能装置。

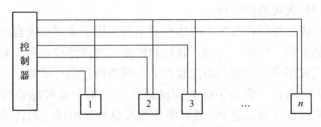

图 2-3　多线型火灾自动报警系统

1）火灾探测器

火灾探测器是火灾自动报警系统中的触发装置。它是对现场进行探查，发现火灾的设备，是系统的"感觉器官"。一旦有火情，能将火灾特征物理量（温度、烟雾、气体和辐射光强等）转换成电信号，并立即动作，向火灾报警控制器发送报警信号。

火灾探测器具有多种类型：按对现场采集信息类型区分，有感烟探测器、感温探测器、火焰探测器、特殊气体探测器等；按设备对现场信息采集原理区分，有离子型探测器、光电型探测器、线性探测器；按设备在现场安装方式区分，有点式探测器、缆式探测器、红外光束探测器等；按探测器与控制器连接方式区分，有总线制、多线制，其中总线制又分编码的和非编码的两类，而编码型探测又分电子编码和拨码开关编码，拨码开关编码的也叫拨码编码，又分为二进制编码和三进制编码之分。

火灾探测器的选用是根据探测对象、探测区域、探测方式、探测器有效防区区域、安装方式以及与系统的连接等因素确定，不可盲目使用。

如图 2-4 所示为火灾自动报警系统常用的部分触发装置。

2）手动火灾报警按钮

手动火灾报警按钮也是火灾报警系统触发装置，不过是需要人工主动操作的触发装置。当人员发现火灾时，按下手动火灾报警按钮，过 3～5s 手动报警按钮上的火警确认灯会点亮，表示火灾报警控制器已经收到火警信号，并且确认了现场位置。

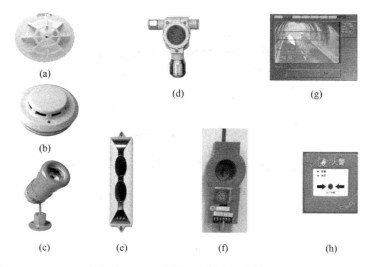

图 2-4　火灾报警系统部分触发装置

(a) 感温探测器；(b) 感烟探测器；(c) 火焰探测器；(d) 可燃气体探测器；
(e) 红外光束感烟探测器；(f) 剩余电流式电气监控探测器；(g) 视频火灾探
测器；(h) 手动火灾报警按钮

《火灾自动报警系统设计规范》GB 50116 对手动报警按钮的设置有具体的规定：报警区域内每个防火分区应至少设置一个手动报警按钮；从每个防火分区内任一位置到最近的一个手动报警按钮的步行距离不应大于 30m；手动报警按钮应设置在公共活动场所的出入口。

3）火灾报警控制器

火灾报警控制器担负着以下功能：为火灾探测器提供稳定的工作电源；监视探测器及系统自身的工作状态；接收、转换、处理火灾探测器输出的报警信号；进行声光报警；指示报警的具体部位及时间；执行相应辅助控制等诸多任务，设备如图 2-5 所示。

4）火灾报警显示盘

火灾显示盘是一种安装在楼层或独立防火区内的火灾报警显示装置。可用于楼层或独立防火区内的火灾报警装置，如图 2-6

图 2-5　火灾报警控制器

所示。当控制中心的主机控制器产生报警，同时把报警信号传输
到失火区域的火灾显示盘上，显示盘会显示报警的探测器编号及
相关信息并发出报警声响。

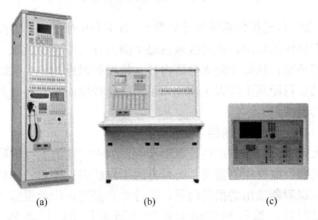

(a)　　　　　　　(b)　　　　　　　(c)

图 2-6　火灾显示盘
(a) 柜式；(b) 琴台式；(c) 壁挂式

　　消防控制室显示装置用于接收并显示保护区域内的火灾探测
报警及联动控制系统、消火栓系统、自动灭火系统、防烟排烟系

统、防火门及卷帘系统、电梯、消防电源、消防应急照明和疏散指示系统、消防通信等各类消防系统及系统中的各类消防设备（设施）运行的动态信息和消防管理信息，同时还具有信息传输和记录功能。

（6）联动设备控制

1）消防联动控制器

消防联动控制器是消防联动控制系统的核心组件。它通过接收火灾报警控制器发出的火灾报警信息，按预设逻辑对建筑中设置的自动消防系统（设施）进行联动控制。消防联动控制器可直接发出控制信号，通过驱动装置控制现场的受控设备；对于控制逻辑复杂且在消防联动控制器上不便实现直接控制的情况，可通过消防电气控制装置（如防火卷帘控制器、气体灭火控制器等）间接控制受控设备，同时接收自动消防系统（设施）动作的反馈信号。

2）消防电气控制装置

消防电气控制装置的功能是用于控制各类消防电气设备，它一般通过手动或自动的工作方式来控制各类消防泵、防烟排烟风机、电动防火门、电动防火窗、防火卷帘、电动阀等各类电动消防设施的控制装置及双电源互换装置，并将相应设备的工作状态反馈给消防联动控制器进行显示。

3）消防电动装置

消防电动装置的功能是电动消防设施的电气驱动或释放，它是包括电动防火门窗、电动防火阀、电动防烟排烟阀、气体驱动器等电动消防设施的电气驱动或释放装置。

4）消防联动模块

消防联动模块是用于消防联动控制器和其所连接的受控设备或部件之间信号传输的设备，包括输入模块、输出模块和输入输出模块。输入模块的功能是接收受控设备或部件的信号反馈并将信号输入到消防联动控制器中进行显示；输出模块的功能是接收消防联动控制器的输出信号并发送到受控设备或部件；输入输出模块则同时具备输入模块和输出模块的功能。

(7) 消防电话

消防电话是消防通信的专用设备，当发生火灾报警时可以提供方便快捷的通信手段。消防电话有专用的通信线路，在现场人员可以通过现场设置的固定电话和消防控制室进行通话，也可以用便携式电话插入插孔式手报或者电话插孔与控制室直接进行通话。

(8) 消防应急广播及火灾警报装置

在火灾自动报警系统中，用以发出区别于环境声、光的火灾警报信号的装置称为火灾警报装置。它以声、光和音响等方式向报警区域发出火灾警报信号，以警示人们迅速采取安全疏散，以及进行灭火救灾措施。

4. 设备安装

火灾自动报警系统施工前，应具备系统图、设备布置平面图、接线图、安装图以及消防设备联动逻辑说明等必要的技术文件。

(1) 控制器安装

1) 火灾报警控制器、可燃气体报警控制器、区域显示器可采用嵌墙安装或墙面明装的方式。

2) 火灾报警控制器、可燃气体报警控制器、区域显示器、消防联动控制器等控制器类设备（以下称控制器）在墙上安装时，其底边距地（楼）面高度宜为 $1.3\sim1.5\mathrm{m}$，其靠近门轴的侧面距墙不应小于 $0.5\mathrm{m}$，正面操作距离不应小于 $1.2\mathrm{m}$；落地安装时，其底边宜高出地（楼）面 $0.1\sim0.2\mathrm{m}$。

3) 控制器应安装牢固，不应倾斜；安装在轻质墙上时，应采取加固措施。

4) 引入控制器的电缆或导线，应符合下列要求：

配线应整齐，不宜交叉，并应固定牢靠；电缆芯线和所配导线的端部，均应标明编号，并与图纸一致，字迹应清晰且不易褪色；端子板的每个接线端，接线不得超过 2 根；电缆芯和导线，应留有不小于 200mm 的余量；导线应绑扎成束；导线穿管、线槽后，应将管口、槽口封堵。

（2）探测器安装

1）点式光电感烟探测器（图 2-7）、点式感温探测器（图 2-8）的安装方式，应符合下列要求：探测器至墙壁、梁边的水平距离，不应小于 0.5m；探测器周围水平距离 0.5m 内，不应有遮挡物；探测器至空调送风口最近边的水平距离，不应小于 1.5m；至多孔送风顶棚孔口的水平距离，不应小于 0.5m；在宽度小于 3m 的内走道顶棚上安装探测器时，宜居中安装；点型感温火灾探测器的安装间距，不应超过 10m；点型感烟火灾探测器安装间距，不应超过 15m；探测器至端墙的距离，不应大于安装间距的一半；探测器宜水平安装，当确需倾斜安装时，倾斜角不应大于 45°。

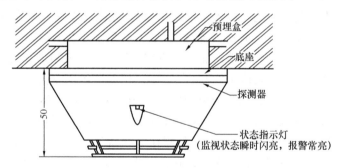

图 2-7 点式光电感烟探测器安装大样

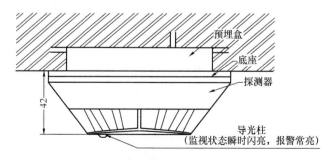

图 2-8 点式感温探测器安装大样

143

2）线型红外光束感烟火灾探测器安装，如图 2-9 所示。还应符合下列要求：

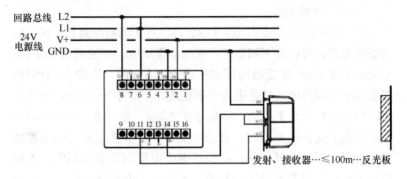

图 2-9 线型光束式感烟安装大样

当探测区域的高度不大于 20m 时，光束轴线至顶棚的垂直距离宜为 0.3～1.0m；当探测区域的高度大于 20m 时，光束轴线距探测区域的地（楼）面高度不宜超过 20m；发射器和接收器之间的探测区域长度不宜超过 100m；相邻两组探测器的水平距离不应大于 14m；探测器至侧墙水平距离不应大于 7m，且不应小于 0.5m；发射器和接收器之间的光路上应无遮挡物或干扰源。

3）缆式线型感温火灾探测器在电缆桥架、变压器等设备上安装时，宜采用接触式布置；在各种皮带输送装置上敷设时，宜敷设在装置的过热点附近。

4）敷设在顶棚下方的线型差温火灾探测器，至顶棚距离宜为 0.1m，相邻探测器之间水平距离不宜大于 5m；探测器至墙壁距离宜为 1～1.5m。

5）可燃气体探测器的安装应符合下列要求：

安装位置应根据探测气体密度确定。若其密度小于空气密度，探测器应位于可能出现泄漏点的上方或探测气体的最高可能聚集点上方；若其密度大于或等于空气密度，探测器应位于可能出现泄漏点的下方；在探测器周围应适当留出更换和标定的空间；在有防爆要求的场所，应按防爆要求施工；线型可燃气体探测器在安装时，应使发射器和接收器的窗口避免日光直射，且在发射器与接收器之间不应有遮挡物，两组探测器之间的距离不应大于14m。

6）通过管路采样的吸气式感烟火灾探测器的安装应符合下列要求：

采样管（含支管）的长度和采样孔应符合产品说明书的要求。非高灵敏度的吸气式感烟火灾探测器不宜安装在天棚高度大于16m的场所。高灵敏度吸气式感烟火灾探测器在设为高灵敏度时可安装在天棚高度大于16m的场所，并保证至少有2个采样孔低于16m。安装在大空间时，每个采样孔的保护面积应符合点型感烟火灾探测器的保护面积要求。

7）点型火焰探测器和图像型火灾探测器的安装应符合下列要求：

安装位置应保证其视场角覆盖探测区域；与保护目标之间不应有遮挡物；安装在室外时应有防尘、防雨措施。

8）探测器底座的连接导线，应留有不小于150mm的余量，且在其端部应有明显标志。

探测器底座的穿线孔宜封堵，安装完毕的探测器底座应采取保护措施。探测器报警确认灯应朝向便于人员观察的主要入口方向。

（3）报警显示盘安装

火灾显示盘安装在墙上时，火灾显示盘底部距地面高度宜为1.3～1.5m，如火灾显示盘靠近门的侧面时与墙的距离不应小于0.5m，当火灾显示盘正面操作时距离不应小于1.2m；当落地安装时，底边宜高出地面0.1～0.2m之间。

火灾光警报装置应安装在安全出口附近明显处，距地面1.8m以上。光警报器与消防应急疏散指示标志不宜在同一面墙上，安装在同一面墙上时，距离应大于1m。

（4）消防电话安装

1）消防电话、电话插孔、带电话插孔的手动报警按钮宜安装在明显、便于操作的位置；当在墙面上安装时，其底边距地（楼）面高度宜为 1.3~1.5m。

2）消防电话和电话插孔应有明显的永久性标志。

（5）消防应急广播及警报装置安装：

1）火灾应急广播扬声器和火灾警报装置安装应牢固可靠，表面不应有破损。

2）扬声器和火灾声光警报装置宜在报警区域内均匀安装。

5. 系统调试

对系统中的火灾报警控制器、可燃气体报警控制器、消防联动控制器、气体灭火控制器、消防制装置、消防设备应急电源、消防应急广播设备、消防电话、传输设备、消防控制中心图形显示消防电动装置、防火卷帘控制器、区域显示器（火灾显示盘）、消防应急灯具控制装置、火灾警报设备分别进行单机通电检查。

（1）报警控制器调试

调试前应切断火灾报警控制器的所有外部控制连线，并将任一个总线回路的火灾探测器以及该总线回路上的手动火灾报警按钮等部件连接后，方可接通电源。

按现行国家标准《火灾报警控制器》GB 4717 的有关要求对控制器进行下列功能检查并记录控制器应满足标准要求：

1）检查自检功能和操作级别。

2）使控制器与探测器之间的连线断路和短路，控制器应在100s 内发出故障信号（短路时发出火灾报警信号除外）；在故障状态下，使任一非故障部位的探测器发出火灾报警信号，控制器应在 1min 内发出火灾报警信号，并应记录火灾报警时间；再使其他探测器发出火灾报警信号，检查控制器的再次报警功能；检查消音和复位功能。

3）使控制器与备用电源之间的连线断路和短路，控制器应在 100s 内发出故障信号；检查屏蔽功能。

4）使总线隔离器保护范围内的任一点短路，检查总线隔离器的隔离保护功能；使任一总线回路上不少于 10 个的火灾探测器同时处于火灾报警状态，检查控制器的负载功能；检查主、备电源的自动转换功能，检查控制器特有的其他功能。依次将其他回路与火灾报警控制器相连接。

（2）探测器调试

1）点型感烟、感温火灾探测器调试

采用专用的检测仪器或模拟火灾的方法，逐个检查每只火灾探测器的报警功能，探测器应能发出火灾报警信号。对于不可恢复的火灾探测器应采取模拟报警方法逐个检查其报警功能，探测器应能发出火灾报警信号。当有备品时，可抽样检查其报警功能。

2）线型感温火灾探测器调试

在不可恢复的探测器上模拟火警和故障，探测器应能分别发出火灾报警和故障信号。可恢复的探测器可采用专用检测仪器或模拟火灾的办法使其发出火灾报警信号，并在终端盒上模拟故障，探测器应能分别发出火灾报警和故障信号。

3）红外光束感烟火灾探测器调试

调整探测器的光路调节装置，使探测器处于正常监视状态。用减光率为 0.9dB 的减光片遮挡光路，探测器不应发出火灾报警信号。用产品生产企业设定减光率（1.0～10.0dB）的减光片遮挡光路，探测器应发出火灾报警信号。用减光率为 11.5dB 的减光片遮挡光路，探测器应发出故障信号或火灾报警信号。

4）点型火焰探测器和图像型火灾探测器调试

采用专用检测仪器和模拟火灾的方法在探测器监视区域内最不利处检查探测器的报警功能，探测器应能正确响应。

5）手动火灾报警按钮调试

① 对可恢复的手动火灾报警按钮，施加适当的推力使报警按钮动作，报警按钮应发出火灾报警信号到报警控制器。

② 对不可恢复的手动火灾报警按钮应采用模拟动作的方法使报警按钮发出火灾报警信号，报警按钮应发出火灾报警信号到报警控制器。

（3）报警显示调试

将区域显示器（火灾显示盘）与火灾报警控制器相连接，按现行国家标准《火灾显示盘》GB 17429 的有关要求检查其下列功能并记录，控制器应满足标准要求：

区域显示器（火灾显示盘）在 3s 内正确接收和显示火灾报警控制器发出的火灾报警信号。消音、复位功能。对于非火灾报警控制器供电的区域，显示器（火灾显示盘）应检查主、备电源的自动转换功能和故障报警功能。

（4）设备控制调试

1）将消防联动控制器与火灾报警控制器、任一回路的输入/输出模块及该回路模块控制的受控设备相连接，切断所有受控现场设备的控制连线，接通电源。

2）按现行国家标准《消防联动控制系统》GB 16806 的有关规定检查消防联动控制系统内各类用电设备的各项控制、接收反馈信号（可模拟现场设备启动信号）和显示功能。

3）使消防联动控制器分别处于自动工作和手动工作状态，检查其状态显示，并按现行国家标准的有关规定进行下列功能检查并记录，控制器应满足相应要求。

4）接通所有启动后可以恢复的受控现场设备。

5）使消防联动控制器的工作状态处于自动状态，按现行国家标准的有关规定和设计的联动逻辑关系进行下列功能检查并记录：

① 按设计的联动逻辑关系，使相应的火灾探测器发出火灾报警信号，检查消防联动控制器接收火灾报警信号情况、发出联动信号情况及各种显示情况。

② 检查手动插入优先功能。

6）使消防联动控制器的工作状态处于手动状态，按现行国家标准的有关规定和设计的联动逻辑关系依次手动启动相应的受控设备，检查消防联动控制器发出联动信号情况及各种显示情况。

7）对于直接用火灾探测器作为触发器件的自动灭火控制系统除符合本节有关规定外，尚应按现行国家标准《火灾自动报警系统设计规范》GB 50116 规定进行功能检查。

8）切断可燃气体报警控制器的所有外部控制连线，将任一回路与控制器相连接后，接通电源。控制器应按现行国家标准《可燃气体报警控制器》GB 16808 的有关要求进行下列功能试验，并应满足标准要求。

（5）消防电话调试

在消防控制室与所有消防电话、电话插孔之间互相呼叫与通话，总机应能显示每部分机或电话插孔的位置，呼叫铃声和通话语音应清晰。

消防控制室的外线电话与另外一部外线电话模拟报警电话通话，语音应清晰。

检查群呼、录音等功能，各项功能均应符合要求。

（6）消防应急广播调试

以手动方式在消防控制室对所有广播分区进行选区广播，对所有共用扬声器进行强行切换；应急广播应以最大功率输出。

对扩音机和备用扩音机进行全负荷试验，应急广播的语音应清晰。

对接入联动系统的消防应急广播设备系统，使其处于自动工作状态，然后按设计的逻辑关系，检查应急广播的工作情况，系统应按设计的逻辑广播。

使任意一个扬声器断路，其他扬声器的工作状态不应受影响。

6. 常见故障分析与排除

（1）探测器误报警或探测器故障报警

原因：环境湿度过大或风速过大，粉尘过大，机械震动，探测器使用时间过长，器件参数下降等。

处理方法：根据安装环境选择适当的灵敏度的探测器，安装时应避开风口及风速较大的通道，定期检查，根据情况清洁和更换探测器。

（2）手动按钮误报警或手动按钮故障报警

原因：按钮使用时间过长，参数下降，或按钮人为损坏。

处理方法：定期检查，损坏的及时更换，以免影响系统运行。

（3）报警控制器故障

原因：机械本身器件损坏报故障或外接探测器、手动按钮问题引起报警控制器报故障、报火警。

处理方法：用表或自身诊断程序判断检查机器本身，排除故障，或按（1）、（2）处理方法，检查故障是否由外界引起。

（4）线路故障

原因：绝缘层损坏，接头松动，环境湿度过大，造成绝缘能力下降。

处理方法：用表检查绝缘程度，检查接头情况，接线时采用焊接、塑封等工艺。

（二）入侵报警系统

1. 系统概述

入侵报警系统是利用传感器技术和电子信息技术探测并指示非法进入或试图非法进入设防区域（包括主观判断面临被劫持或遭抢劫或其他危急情况时，故意触发紧急报警装置）的行为、处理报警信息、发出报警信息的电子系统或网络。

防区是利用探测器（包括紧急报警装置）对防护对象实施防护，并在控制设备上能明确显示报警部位的区域。

2. 系统功能

入侵报警系统的规模、系统模式和采取的防护措施应当符合防护对象的风险等级和防护级别、环境条件、功能要求、安全管理要求。入侵报警系统应具有对入侵信号探测、显示、控制、记录/查询、传输的基本功能。

（1）探测

入侵报警系统应对下列可能的入侵行为进行准确、实时的探测并产生报警状态：

1）门、窗、空调百叶窗等开启时被打开。

2）用暴力通过门、窗、天花板、墙及其他建筑结构。

3）防护区域内的玻璃破碎。

4）在建筑物内部不应有的移动。

5）接触或接近保险柜或重要物品。

6）紧急报警装置的触发。

（2）显示

入侵报警系统应能对下列状态的事件来源和发生的时间给出指示：

1）正常状态。

2）入侵行为产生的报警状态。

3）防拆报警状态。

4）故障状态。

5）主电源掉电、备用电源欠压。

6）调协警戒（布防）/解除警戒（撤防）状态。

7）信息传输失败。

（3）控制

入侵报警系统应能对下列功能进行编程设置：

1）瞬时防区、永久防区和延时防区。

2）全部或部分探测回路设备警戒（布防）与解除警戒（撤防）。

3）向远程中心传输信息或取消。

（4）记录/查询

入侵报警系统应能对下列事件记录和事后查询：

1）入侵报警事件、编程设置。

2）警情的处理。

3）维修。

3. 系统架构

入侵报警系统涉及人民生命和财产的安全，系统的建设和运行应遵循《入侵报警系统工程设计规范》GB 50394 和《入侵报警系统技术要求》GA/T 368 的规定。系统设备必须符合国家法律法规和现行强制性标准的要求，并经法定机构检验或认证合格。入侵报警系统基本构成如图 2-10 所示。入侵报警系统通常由前端设备（包括探测器和紧急报警装置）、传输、处理/控制/管理设备和显示/记录设备四个部分组成。

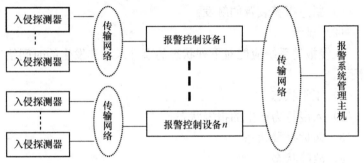

图 2-10　入侵报警系统构成

（1）入侵探测器

入侵探测器是用来探测入侵者的移动或其他动作的电子及机械部件组成的装置。是入侵报警系统的触觉部分，相当于人的眼睛、鼻子、耳朵、皮肤等，感知现场的温度、湿度、照度、电量、能量等各种物理量的变化，并将其按照一定的规律转换成适于传输的电信号。

入侵探测器具有多种类别。按使用场合，可分为室内型、室外型和周界入侵探测器；按探测技术原理区分，可分雷达、微波、红外、声控、振动等类型；按探测器警戒范围区分，可分为点控探测器（磁开关、微动开关、压力垫、紧急报警按钮等）、线控探测器（主动红外、高压脉冲探测器、激光式探测器、振动电缆、泄漏电缆等）、面控探测器（幕帘式红外、振动探测器、声控振动双鉴探测器等）和空间控制式（被动红外、多普勒微波探测器、微波与被动红外双鉴探测器等）四类；按探测器工作方式区分，可分主动式和被动式两类；按探测信号输出方式，可分为常开式和常闭式两种。

入侵探测器选用的基本依据是使用环境、警戒范围、入侵行为特征及适合的探测技术。例如警戒建筑物窗户时，常选用室内型被动面控制式红外探测器，俗称"幕帘红外"。而警戒社区周界围墙使用的入侵探测器通常选用室外型主动线控制式红外探测器，俗称"主动红外"。至于常开和常闭信号输出形式应当由系统功能、特点和传输网络的特点来确定。

紧急报警装置也属入侵探测器的一种，是用于紧急情况下，由人工有意触发报警信号的开关装置，如手动紧急求助报警按钮、脚踢报警开关等。

我国以《入侵探测器》GB 10408 国家标准对各类入侵探测器的技术条件作出规定，故弱电工程选用的入侵探测器应注意探测器功能和技术指标应符合国家标准，产品须有合法、合格的检测报告。

（2）报警控制设备

入侵报警控制设备也称入侵报警控制器，在入侵报警系统中，实施设防、撤防、测试、判断、传送报警信息，并对探测器信号进行处理和判断及完成某些显示、控制、记录和通信功能的装置。

报警控制器连接入侵探测器，并按照预定方案设定探测器警戒防区。所谓防区，是利用探测器（包括紧急报警装置）对防护对象实施防护，在控制设备上能明确显示报警部位和区域。

按照报警性质和功能不同，报警防区可分为永久防区、即时防区和延时防区三种。永久防区是指一旦该报警控制器工作，该防区即进入警戒状态，与设/撤防操作无关。紧急报警装置往往设置为永久防区。即时防区是指防区的警戒状态受报警控制器或系统设/撤防操作的控制。只有在设防状态下，该防区处于警戒状态，其报警信息为报警控制器和系统接收、显示。延时防区是指报警控制器或系统设防操作后，经设定时间段后才进入警戒状态，延时的时间可由报警控制器或系统设置。如警戒出入口的防区，可以允许用户完成设防操作后的一段时间内进行关闭门扇等动作离开。该时间段内不会因为有人员移动而形成报警。上述设撤防操作一般均在报警控制器的操作面板上进行，可对各个防区逐一设定，可以全设全撤，也可以按区域分组设定。

根据系统组网特点和产品性能，报警控制器还可以区分为前端报警控制器和区域报警控制器。前端报警控制器管理某一警戒区域内若干防区，而区域报警控制器用以管理若干前端报警控制器。报警控制器通过通信网络与系统管理主机组网通信，因此，每一台报警控制器均在系统内具有唯一的"地址"。

（3）入侵报警系统管理主机

入侵报警系统管理主机一般配置在监控中心机房，与警铃、警灯、报警显示板以及报警信号记录、打印装置一并构成系统接警台，对整个系统覆盖的区域入侵警情进行接警和处警，并实现上述系统基本功能及技术性能。随着计算机应用的普及，目前大多数入侵报警系统产品的管理主机均以计算机工作站 PC 与配以系统管理软件替代。功能强大，联网、联动简易，操作便捷。

（4）传输网络

入侵报警系统的传输网络一般分为两个部分，一是探测传感器与报警控制设备之间的传输网络，二是系统管理主机与系统内所有报警控制设备之间的通信网络。

探测器与报警控制设备之间的信息传输网络常见有线传输和无线传输两种模式，有线传输模式又有分线制和总线制之分。当报警控制设备与其覆盖的防区报警探测器在同一建筑空间，且距离不大时，常使用分线制模式连接。

系统管理主机与报警控制设备之间的传输网络常见有专用网络和公共网络两类。专用网络一般采用总线网络或专用局域网（包括电缆型以太网或 EPON 无源光网）。公共通信网络主要有城市电话网、城域网或互联网。

（5）传输模式

根据信号传输方式的不同，入侵报警系统可以分为以下四种模式：

1）多线制

多线制又称分线制，探测器、紧急报警装置与报警控制主机通过电缆一对一相连。

2）总线制

探测器、紧急报警装置与报警控制主机之间采用报警总线（专线）相连，通过编址模块赋予探测器地理信息。

3）无线制

探测器、紧急报警装置通过其相应的无线设备与报警控制主机通信。

4）公共网络

探测器、紧急报警装置通过现场报警控制设备和/或网络传输接入设备与报警控制主机之间采用公共网络相连。公共网络可以是有线网络，也可以是有线－无线－有线网络。

4. 设备安装

（1）前端探测器安装

前端探测器的安装方式多种多样，主要取决于探测器的防护范围要求及安装位置的现场环境。前端探测器常见的安装方式有：壁挂式、吸顶式、表面安装式、暗埋式等。

1）室外主动红外探测器安装

根据室外主动红外探测器安装位置的不同，安装方式可以分为壁挂式和立柱式两种。

壁挂安装：将探测器底板固定孔与支架安装孔对正，并将导线从底板过线孔穿出，用适宜的自攻螺钉将底板牢固固定，如图2-11所示。

立柱安装：根据探测器的警戒范围确定适当的安装高度，用随机附带的管卡或定制的管卡、螺钉加带垫片和弹簧垫圈，将探测器底板固定在立柱上，并保证底板与立柱支架紧固连接，如图2-12所示。

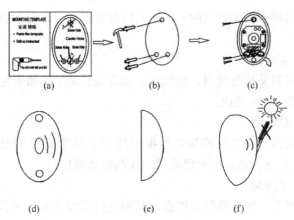

(a)　　　　　　　　　(b)　　　　　　　　(c)

(d)　　　　　　　　　(e)　　　　　　　　(f)

图 2-11　壁挂安装

(a) 安装模板；(b) 墙面打孔；(c) 探测器底座；(d) 探测器正视图；
(e) 探测器侧视图；(f) 避免太阳直射

图 2-12　立柱安装

室外主动红外探测器安装时，接收器与发射器之间不得有遮挡物，且安装高度应基本保持在统一水平面上，以方便设备调试和保证防范效果。

在高温、强光直射等环境下使用时，应采取适当的防晒、遮阳措施。

在栅栏、围墙顶部安装时，探测器的底边应高出栅栏、围墙顶部 200mm，以减少栅栏、围墙上活动的小动物引起的误报警。

用于窗户防护时，探测器的底边高出窗台的距离不得大于 200mm。

安装在弧形或者不规则围墙、栅栏上的探测器，其探测射线距围墙、栅栏弧沿的最大弦高不能大于 150～200mm；弧沿最大弦高超过 200mm 时必须增加探测器数量来分割。

2）室内双鉴探探测器安装

根据室内双鉴探测器安装位置的不同，安装方式分为壁挂安装（图 2-13）和吸顶安装两种。

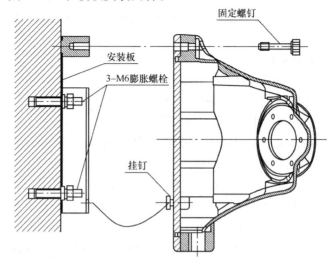

图 2-13 壁挂安装示意

① 将探测器底板与支架安装面居中贴平，用记号笔按照支架安装孔位置做好标记。根据支架安装孔的孔径大小使用适当的钻头在探测器底板上开安装孔。用适当长度的沉头机制螺钉将探测器底板固定在支架上或吊顶上。

② 在探测器底板内用绝缘胶布或绝缘垫将安装螺钉钉头覆盖，检查确认安装螺钉钉头的绝缘情况，确保不会搭接电路板造成短路。根据探测器接线说明书连接电源线缆，并确保探测器电源正负极的连线正确。

③ 对于壁装探测器，应根据探测器的防护区域将探测器与支架做适当调整（探测器轴线方向与警戒通道成 45°夹角为宜）。

④ 双鉴探测器不要对准通风管道出风口和发热体。

⑤ 探测器警戒区域内不应有遮挡物及其他频繁活动物体的干扰。

（2）控制主机安装

157

控制主机一般安装于安防控制中心或消控中心机房内，小型项目可安装于操作台面，大型项目可安装于机柜内或其他便于操作管理的位置。控制主机需与视频监控系统或安全防范系统进行整体联动设置。

5. 系统调试

1）软件部署

① 入侵报警系统设备安装结束后，确认主机与工作站链路已联通，激活主机及模式编程设置。

② 前端设备均编制地址码后，制作电子地图。

2）功能检查及调整

入侵报警系统通电后，应按《防盗报警控制器通用技术条件》GB 12663 的有关要求，以及系统设计功能检查系统工作状况。主要检查内容为：

① 入侵报警系统的报警功能，包括紧急报警、故障报警等功能。

② 自检功能。

③ 对探测器进行编号，检查报警部位显示功能。

④ 报警控制器的布防与撤防功能。

⑤ 监听或对讲功能。

⑥ 报警记录功能。

⑦ 电源自动转换功能。

3）技术指标测试

测试内容见表 2-1。

入侵报警系统测试指标   表 2-1

序号	检验项目		指标及测试
1	入侵报警功能检验	各类入侵探测器	各类入侵探测器应按相应标准规定的检验方法检验探测器灵敏度及覆盖范围
			在设防状态下，当探测到有入侵发生，应能发出报警信息，防盗报警控制设备上应显示出报警发生的区域，并发出声、光报警。报警信息应能保持到手动复位

序号	检验项目		指标及测试
1	入侵报警功能检验	各类入侵探测器	防范区域应在入侵探测器的有效探测范围内，防范区域内应无盲区
		紧急报警功能检测	系统在任何（设防）状态下触动紧急报警装置，在防盗报警控制设备上应显示出报警发生地址，并发出声、光报警，报警信息应能保持到手动复位，报警信号应无丢失
			紧急报警装置应设置为不可撤防状态，应有防误触发措施，被触发后应自锁
		多路同时报警功能检验	在设防状态下，当多路探测器同时报警时，在防盗报警控制设备上应显示出报警发生地址，并发出声、光报警信息，报警信息应能保持到手动复位，报警信号应无丢失
		报警后的恢复功能检验	报警发生后，入侵报警系统应能手动复位，不应自动复位
		系统漏报检验	入侵报警系统不得有漏报警
2	防破坏及故障报警功能检验	入侵探测器防拆报警功能检验	在任何状态下，当探测器机壳被打开，在防盗报警控制设备上应显示出探测器地址，并发出声、光报警，报警信息应能保持到手动复位，报警信号应无丢失
		防盗报警控制器防拆报警功能检验	在任何状态下，防盗报警控制器机盖被打开，防盗报警控制设备应发出声、光报警，报警信息应能保持到手动复位，报警信号应无丢失
		防盗报警控制器信号线防破坏报警功能检验	在有线传输系统中，当报警信号传输线被开路、短路及并接其他负载时，防盗报警控制器应发出声、光报警信息，应显示报警信息，报警信息应能保持到手动复位，报警信号应无丢失
		入侵探测器电源线防破坏功能检验	在有线传输系统中，当探测器电源线被切断，防盗报警控制器应发出声、光报警信息，应显示线路故障信息，该信息应能保持到手动复位，报警信号应无丢失
		防盗报警控制器主备电源故障报警功能检验	当防盗报警控制器主电源发生故障时，备用电源应自动工作，同时应显示主电源故障信息；当备用电源发生故障或欠压时，应显示备用电源故障或欠压信息，该信息应能保持到手动复位

序号	检验项目		指标及测试
3	记录显示功能检验	显示信息检验	系统应具有显示和记录开机、关机时间、报警、故障、被破坏、设防时间、撤防时间、更改时间等信息的功能
		记录内容检验	应记录报警发生时间、地点、报警信息性质、故障信息性质等信息，信息内容要求准确、明确，记录的信息应不能更改
		管理功能检验	具有管理功能的系统，应能自动显示、记录系统的工作状态，并具有多级管理密码
4	系统自检功能检验	自检功能检验	系统应具有自检或巡检功能，当系统中入侵探测器或报警控制设备发生故障、被破坏，都应有声光报警，报警信息应保持到手动复位
		设防/撤防、旁路功能检验	系统应能手动/自动设防/撤防，应能按时间在全部及部分区域任意设防和撤防；设防、撤防状态应有显示，并有明显区别
5	系统报警响应时间检验		检测从探测器探到报警信号到系统联动设备启动之间的响应时间，应符合设计要求
			检测从探测器探测到报警发生并经市话网电话线传输，到报警控制设备接收到报警信号之间的响应时间，应符合设计要求
			检测系统发生故障到报警控制设备显示信息之间的响应时间，应符合设计要求

6. 常见故障分析与排除

（1）误报警

可能原因：

1）设备故障：如主动红外光源消失。

2）设计、安装不当：如小动物干扰。

3）用户使用不当：有人正常活动时被动红外布防。

排除办法：

1）选择可靠性高的产品。

2）培训用户，并制定使用手册和制度。

3）加强报警复核手段（声音、图像）。

4）探测器灵敏度是否设置太高。

（2）报警时无警示信号

可能原因：

1）报警警示设备故障。

2）报警线路的故障。

3）报警主机的设置有误。

4）报警探测器无信号输出。

排除办法：

1）检查设备供电电源是否正常。

2）检查报警探测器灵敏度是否调整过低。

3）检查探测距离是否过远，信号减弱。

（三）视频安防监控系统

1. 系统概述

视频安防监控系统是利用视频技术探测、监视设防区域并实时显示、记录现场图像的电子系统或网络。安全防范系统中的视频安防监控系统，不同于一般的工业电视或民用闭路电视系统。它是用于安全防范的目的，通过对监视区域进行视频探测、视频监视、控制、图像显示、记录和回放的视频信息系统或网络。

最简单的视频监控系统如图 2-14 所示。摄像机摄取图像并将其转换成视频电信号，通过线路或设备传输视频电信号至显示器，显示器将电信号还原成图像。

摄像机输出的信号为视频复合全电视信号，既具有图像亮度电信号、彩色信号，还包括扫描用的行、场同步信号，是一个连续的模拟电信号。

编码过程   解码过程

图 2-14   视频监视原理

2. 系统功能

视频安防监控系统应具有对图像信号采集、传输、切换控制、显示、分配、记录和重放的基本功能。

（1）视频探测与图像信号采集功能

视频探测设备可以清晰有效地（在良好配套的传输和显示设备情况下）探测到现场的图像，达到四级（含四级）以上图像质量等级。对于电磁环境特别恶劣的现场，其图像质量应不低于三级。可根据现场的照明条件，环境照度不满足视频监测要求时，辅助照明。防护措施与现场环境相协调，具有相应的设备防护等级。视频探测设备应与观察范围相适应，必要时，固定目标监视与移动目标跟踪配合使用。

（2）控制功能

根据系统规模，可设置独立的视频监控室，也可与其他系统共同设置联合监控室，监控室内放置中心控制设备，并为值班人员提供值守场所。监控室应有保证设备和值班人员安全的防范设施。视频监控系统的运行控制和功能操作应在控制台上进行，大型系统应能对前端视频信号进行监测，并能给出视频信号丢失的报警信息。可通过手动或自动操作，对摄像机、云台、镜头、防护罩等的各种动作进行遥控操作。大型和中型系统应具有存储功能，在市电中断或关机时，对所有编程设置、摄像机号、时间、地址等信息均可保存，并可以与报警控制器联动的接口，报警发生时能切换出相应部位摄像机的图像，予以显示和记录。根据用户使用要求，系统可设立分控设施。分控设施通常应包括控制设备和显示设备。

（3）信号传输

信号传输可以采用有线/无线介质，利用专线或公共通信网络传输，应保证视频信号输出与输入的一致性和完整性，以及图像质量和控制信号的准确性（响应及时和防止误动作）。信号传输过程中应有防泄密措施，有线公网传输和无线传输应有加密措施。

（4）图像显示

系统应能清晰显示摄像机所采集的图像，并可以出现文字提示，日期、时间和运行状态的提示。

（5）视频信号的处理和记录/回放

视频移动报警与视频信号丢失报警功能可根据用户使用要求增加必要的设施。当需要多画面组合显示或编码记录时，应具有多画面分割功能。根据需要，对下列视频信号和现场声音应使用图像和声音记录系统存储：

1）发生事件的现场及其全过程的图像信号和声音信号。

2）预定地点发生报警时的图像信号和声音信号。

3）用户需要掌握的动态现场信息。

应能对图像的来源、记录的时间、日期和其他的系统信息进行全部或有选择的记录。对于特别重要的固定区域的报警录像可以提供报警前的图像记录。并能够正确回放记录的图像和声音，回放效果应保持图像信息和声音信息的原始完整性和实时性。

视频安防监控系统应能根据建筑物使用功能及安全防范管理要求，对必须进行视频安防监控的场所、部位、通道等进行实时、有效的视频探测、视频监视，图像显示、记录与回放，宜具有视频入侵报警功能。与入侵报警系统联合设置的视频安防监控系统，应有图像复核功能，也可具有图像复核加声音复核功能。

3. 系统架构

（1）系统组成

视频安防监控系统一般由前端、传输、控制及显示记录四个主要部分组成。前端部分包括一台或多台摄像机以及与之配套的镜头、云台、防护罩、解码驱动器等；传输部分包括电缆/光缆，以及可能的有/无线信号调制解调设备等；控制部分主要包括视频切换器、云台镜头控制器、操作键盘、各类控制通信接口、电源和与之配套的控制台、监视器柜等；显示记录设备主要包括监视器、录像机、多画面分割器等。

根据使用目的、保护范围、信息传输方式、控制方式等的不同，视频安防监控系统可有多种构成模式。各种不同的视频监控系统的共同部分的基本构成，如图 2-15 所示。

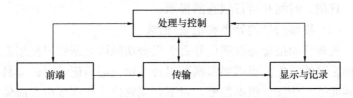

图 2-15　视频安防监控系统基本组成

视频安防监控系统主要由前端设备、传输设备、显示与记录设备和处理与控制设备 4 个部分所组成。

前端设备的主要任务是获取监控区域的图像和声音信息。主要设备是各种摄像机及其配套的设备。

传输系统的主要任务是将前端图像信息不失真地传送到终端设备，并将控制中心的各种指令送到前端设备。

显示/记录和处理/控制部分设备通常置于同一处安防监控中心机房内，通常统称为终端设备。它是视频安防监控系统的中枢。主要任务是将前端设备送来的视/音频信息进行处理、显示和存储，并根据监控需要，向前端设备发出指令，由中心控制室进行集中控制。

按照系统传输、处理信号类别区分，主要有模拟型和数字型两大类。由于模拟型系统图像清晰度难以提高、布线要求高、难以进行智能分析和大联网等不可克服的弊端，日益被数字型系统取代。数字型视频安防系统又因传输网络的区别分为非网络型和网络型两种。随着"泛在"宽带网络建设，数字网络型视频安防监控系统应用最为普遍。故本节叙述均指数字网络型视频安防监控系统。

（2）数字网络视频安防监控系统架构

数字网络型视频安防监控系统也称 IP 视频安防监控系统，其基本架构如图 2-16 所示。

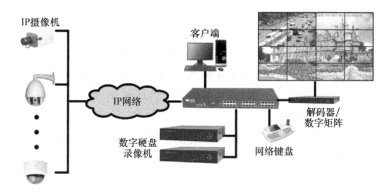

图 2-16　IP 视频安防监控系统基本架构

1）摄像机设备

摄像设备包括摄像机、镜头以及配套防护罩、云台等。

摄像机采用网络摄像机（IP Camera，IPC）。它是基于 IP 网络传输的数字化设备，除具有普通复合视频信号输出接口 BNC 外（一般模拟输出为调试用，并不能代表它本身的效果），都具有网络输出接口，可直接将摄像机接入本地局域网。每一个 IP 网络摄像机都有自己的 IP 网址，具有数据处理功能和内置的应用软件，许多高级别的 IP 网络摄像机还包括其他特殊功能，比如移动探测、警报讯号输出/输入或邮件支持功能。

由于视频模拟信号数字化后带宽很宽，不利于传输，故在摄像机内就采取视频压缩技术将视频信号压缩后输出。IP 网络摄像机采用的压缩方式大致可以分为 H.265、H.264、M-JPEG、MPEG1、MPEG2、MPEG4 及 Wavelet 等几种。其中 H.264、H.265 和 MPEG4 为当前主流压缩方式。从功能上看 IP 网络摄像机还可分为无音频和有音频两种。

2）传输网络

IP 视频安防监控系统中的信号传输部分为 IP 网络，可以是交换机以太网，也可以是 EPON 无源光网。传输网络中的传输设备（如网络交换机）及传输信道需要满足视频带宽传输的需要。

3）视频信号存储设备

在视频安防监控系统中，视频信号存储通常有集中和分散两种方式。视频存储可以分为嵌入式 NVR 和 PC 服务器＋IP-SAN 解决方案两类。嵌入式 NVR 的功能通过固件进行固化，成为一个专用的硬件产品，而 PC＋IP-SAN 的功能灵活强大，更多地被认为是一套软件。

网络视频录像机 NVR 最主要的功能是通过网络接收 IPC 设备传输的数字视频码流，并进行存储和管理。它与模拟型视频监控中使用的 DVR 不同。DVR 产品前端就是模拟摄像机，可当成模拟视频的数字化编码存储设备。而 NVR 产品的前端可以是网络摄像机、视频服务器（视频编码器）、DVR（编码存储），设备类型更为丰富。通过 NVR 设备，可以组建一个以 NVR 设备为"节点"的分布式网络，从而更适应分布式多层结构网络环境，有效降低中心节点网络传输和数据存储压力。所以 NVR 系统构建监控系统时，具有前端设备选择范围更广、更为适应网络、应用能力更强的优点。

视频安防监控系统对监控图像保存时间有具体规定，因此系统使用的存储器存储容量需要根据系统存储视频信号的格式进行核算。

每路摄像机所需要的视频的存储空间，宜按如下公式计算：

容量＝小时数(h)×3600(s)×编码器码流(bps)×(1.1)/8，单位为 Byte，其中 1.1 为存储所需空间加 10％的余量。

4）视频显示设备

视频显示设备主要包括显示器（屏）和显示控制设备。

显示器根据不同使用场所和用户需求选用，常见采用液晶显示器，通常将多块显示器拼接成显示屏，也可采用 LED 显示大屏。

由于系统中具有许多摄像机的图像需要显示，因此必须配置控制设备对显示图像进行切换和控制，常见使用视频切换器。它的作用是对系统传输的图像信号进行切换、重复、加工和复制。它可以对多路视频信号进行自动或手动控制，使一台监视器能显示多个图像，或一个图像同时显示在多个显示器上。由于具有多路输入和多路输出，故也称其为视频矩阵，在 IP 视频安防监控系统中，视频矩阵连接在网络交换机上，输入矩阵的视频信号为数字信号，所以矩阵内一般均配置有解码器。

5）视频监控管理系统

在数字网络视频安防监控系统中，已经流行采用视频管理系统对整个系统的前端摄像机、终端显示器/存储器以及视频信号的处理进行灵活控制与管理。它使用 PC 服务器＋软件的方式实施。可以在局域网内使用，也可以在互联网云端的监控系统中使用。系统软件的具体功能还可以根据用户不同需求进行定制。

4. 设备安装

（1）摄像机安装

摄像机安装方式根据场景不同安装方式也不相同，一般可分为立杆安装、吸顶安装、挂壁安装等。

1）注意事项

在安装前请确认包装箱内的设备完好，所有的部件都齐备。安装墙面应具备一定的厚度，并且至少能承受 4 倍于摄像机及安装配件的总重。支架式安装请注意不超过支架上所提示的承重。如果是水泥墙面，需先安装膨胀螺钉（膨胀螺钉的安装孔位需要和支架一致），然后再安装支架。如果是木质墙面，可使用自攻螺钉直接安装。

2）场景选择

摄像机安装时，尽量安装在固定的地方，摄像机的防抖功能和算法本身能对摄像机抖动进行一定程度的补偿，但过大的晃动还是会影响到检测的准确性；在未开启宽动态的功能下，摄像机视场内尽量不要出现天空等逆光场景；为了让目标更加稳定和准确，建议实际场景中目标尺寸在场景尺寸的 50% 以下，高度在场景高度 10％以上；尽量避免选择玻璃、地砖、湖面等反光的场景；尽量避免狭小或者是过多遮蔽的监控现场；在白天和夜晚光线充足的环境下，摄像机成像质量清晰、对比度好。如果夜间出现光线不足，则需要对场景进行补光，保证目标处于照亮的区域。

摄像机安装场景选择适当，可以有效地减少误报，提高智能报警的准确率。场景中应尽量避开过多树木遮挡，同时避免场景中有过多的光线变化，比如路过的车灯等等，以减少误报提高功能的准确率；场景环境亮度不能过低，过于昏暗场景将大大降低报警准确率。

（2）显示设备安装

1）安装地面的选择

液晶拼接屏选择的安装地面要平整，需要有一定的承受重量的能力，安装的地面要能够防静电。

2）环境光线要求

液晶拼接屏选择安装的环境光线不能太强。屏幕附近可能射入光线（如窗户）时，需要进行遮挡。在屏幕正前方不宜安装较强灯光，如必要，宜安装筒式灯。

3）通风要求

在维修通道内，须装空调或出风口，保证设备的通风情况良好。出风口位置应尽量远离液晶拼接墙（1m 左右较好），并且出风口的风不能对着箱体直接吹，以免屏幕冷热不均匀而损坏。

（3）控制设备安装

确保机柜能够支撑视频综合平台及其附件的重量，安装时注意避免机械负荷不均匀而造成的危险；确保视音频线缆有足够的安装空间，线缆弯曲半径应不小于 5 倍的线缆外径；确保良好的通风环境，综合平台安装位置宜离地间隙 50cm 以上；规范接地；远离强功率无线电发射台，雷达发射台、高频大电流设备；必要时，可以采用电磁屏蔽的方法进行抗干扰。

控制设备中存储的 SAS 电缆的弯曲不能小于 90°，弯曲半径不能小于 80mm。云存储节点设备的各个组件的硬件特性、设备的安装、电缆的安装和系统上电，应仔细阅读产品安装说明书后规范安装。

图片存储资源与视频存储资源不宜共用阵列。对于图片存储资源使用的阵列，监控级硬盘宜配置 RAID6；企业级硬盘，存储宜配置 RAID5。

5. 系统调试

（1）软件部署

1）所有设备安装完毕后，针对平台管理软件进行部署调试。

2）首先进行设备激活，通过网页进行存储、显示、管理设备激活。

3）修改各设备 IP 地址，同时进行管理信息设置，如常用设置、用户信息、日志、系统维护、图像设置等。

4）进行用户管理设置及系统配置。

5）显示设备接入配置、分辨率设置、上墙操作设置等。

6）电视墙管理设置，如分屏设置、监控点管理（添加、修改、分组）、窗口管理等。

7）场景管理设置，进行场景配置、场景切换、场景清空等。

8）设置预案管理，进行预案配置及预案调用等。

（2）技术指标测试

视频监控系统应根据安全防范系统要求，对实施项目主要出入口、通道、电梯轿厢、重要区域等要进行实时有效的监控、图像显示记录和回放。

1）重点部位图像应均能在大屏上显示，也能将任意摄像机画面显示在任意监视器上，并可以设定程序，自动轮流显示，画面分割显示。

2）系统可以 24h 不间断连续工作，系统能手动/自动操作对摄像机云台进行遥控。

3）系统能手动切换/编程自动切换对视频信号在指定的显示器上进行固定或时序显示。

4）系统配置信息可存档，供电中断或关机，所有编程设置、摄像机号、地址等信息均可保持。

5）应能对前端彩色一体机进行预置设定。报警时，自动对报警现场图像进行复核，且切换到指定监视器上并自动录像。

6）图像记录功能应满足以下要求：

① 画面上有摄像机编号、部位、地址和时间、日期显示。

② 回放效果满足原始资料完整性。

③ 报警录像可以提供报警前的图像显示。

7）系统存储时间应满足规范要求，一般不低于30d。

8）系统显示后回放的图像清晰、稳定，图像质量要达到四级及以上标准，显示方式应满足管理员要求。

6. 常见故障分析与排除

（1）摄像机无视频信号

可能原因：

1）监控摄像机自身故障。

2）电源供电不足，如开关电源功率不够，导致电源过热，从而出现热保护。

3）传输线路有电源串入。

排除办法：

1）更换摄像机。

2）更换电源。

3）找到电源搭接处予以修复。

（2）图像质量不好

可能原因：

1）镜头有指纹或污渍。

2）镜头聚焦未调好。

3）传输线缆接触不良。

4）传输距离太远。

5）电压不正常。

6）附近存在干扰源。

排除办法：

1）摄像机镜头清洗或更换。

2）调整摄像机镜头聚焦。

3）检查线缆连接质量及传输距离。

4）检查供电电源是否正常。

5）设法避开干扰，或采取屏蔽措施。

（3）红外摄像机图像晚上飘雪花

可能原因：

1）摄像机供电不足。

2）摄像机红外灯质量差。

排除办法：

1）使用容量足够的稳定好的供电器。

2）用高质量红外灯。

（四）出入口控制系统

1. 系统概述

出入口控制系统是利用自定义符识别或模式识别技术对出入口目标进行识别并控制出入口执行机构启闭的电子系统或网络。

出入口控制系统工程应综合应用编码与模式识别、有线/无线通信、显示记录、机电一体化、计算机网络、系统集成等技术，构成先进、可靠、经济、适用、配套的出入口控制应用系统。目前已经广泛应用于各类公共建筑、居住建筑和工业建筑之中，成为智能安防的重要组成部分。

2. 系统功能

出入口控制系统涉及企事业单位和人员的安全，系统的建设和应用应遵循《出入口控制系统工程设计规范》GB 50396，系统规模和构成须满足防护对象风险等级和防护级别和管理条件。

系统应用的产品应根据用户的功能要求、出入目标数量、出入权限和时间段等因素，并应满足《出入口控制系统技术要求》GA/T 394 的规定。

系统设置还必须满足建筑物消防规定的紧急逃生时人员疏散的要求；供电中断状态下出入口闭锁装置的启闭状态应满足用户管理的需求。系统的执行机构有效开启时间需满足出入口流量及人员、物品的安全要求。

出入口控制系统也可以与考勤、计费及目标引导等"一卡通"联合设置，但必须保证出入口控制系统的安全性。

系统能独立运行，并能与电子巡查、入侵报警、视频安防监控等系统联动，宜与安全防范系统的监控中心联网。

3. 系统架构

出入口控制系统主要由识读部分、传输部分、管理/控制部分和执行部分以及相应的系统软件组成。系统有多种构建模式，可根据系统规模、现场情况、安全管理要求等因素合理选择。

（1）系统工作流程

系统设置与运行有严格的工作流程，如图 2-17 所示。

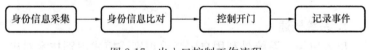

图 2-17　出入口控制工作流程

（2）系统构成

出入口控制系统的配置、联网和运行应与建筑物业态、安全防范的需求、出入口障碍设施、出入人员的数量及用户管理要求等因素决定。

出入口控制系统的基本构成如图 2-18 所示，由身份识别装

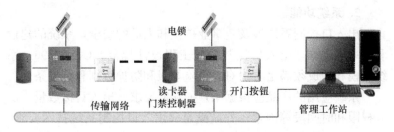

图 2-18　出入口控制系统设备连接示意

置，启闭设施的启/闭执行装置，控制设备、传输网络及管理设备等组成。

电锁：出入口通启闭设施（门、闸机等）的启闭执行装置，常见有电控门锁、磁力锁、电控闸机等。其作用是常态下呈闭锁状态，在系统给予"开门"指令时转换为开启状态，释放门扇或闸机，在设定时间段后自动恢复闭锁。

电控门锁、磁力锁的使用应适应门扇的结构和材质，磁力锁还有阳极锁和插销所之分。出入口装置门扇时，应同时装置相应规格的闭门器，并调节妥当，以便门扇开启后能够在闭门器的作用下于设定的时限内自动闭锁。出入口配置的门扇应符合出入口启闭的要求和环境条件，门扇选用还应符合《楼寓对讲电控安全门通用技术条件》GA/T 72 的规定。

读卡器（身份信息识读装置）：一般设置于出入口外侧（在出、入均需控制的场合，出入口内、外均需配置），为人机信息交互的装置，常见有门禁读卡器、指纹仪、掌形仪、人脸识别装置等。它采集人员身份信息（门禁卡密码、指纹、掌形、人脸特征等），并将此信息发送至预定的系统设备（现场控制设备或中央管理计算机）。

开门按钮：设置于出入口内测，一般采用人工按钮开关。在出、入均需控制的场合，它由识读装置替代。

门禁控制器（系统控制设备）：安装于出入口附近，是前端采集与管理中心通信枢纽，采集前端身份识别装置的信息，执行驱动启闭控制装置，暂存系统运行数据。其通信方式常见有RS485、TCP/IP 等。

管理工作站：配置出入口系统管理应用软件，实现用户身份信息采集、授权、存储和下载，记录/查询出入口出入信息，用户身份信息管理，系统设备运行管理，系统异常（出入信息异常或设备故障）状态予以报警。

传输网络：实现系统管理工作站与系统中所有出入口门禁控制器之间的通信，传输出入信息、控制系统和系统运行信息，常见有总线网络和以太网络。

若干个出入口控制系统管理工作站可以通过网络（如局域网或互联网）实现联网运行。

（3）技术发展趋势

用户身份信息识别是本系统关键的技术环节，随着信息识别技术的发展，识别技术应用也发生着显著的改变。

传统密码识别。由系统设置用户开门密码，用户在识别装置输入密码（一般操作键盘输入），系统比对密码，成为出入口闭锁装置启闭的依据。此种方法的优点是简便，缺点是安全性很低，一旦泄露，密码就成为"明码"，控制的安全性就无从谈起。而重置密码，涉及所有用户，费时费力，招致用户抱怨。

智能卡识别，以智能卡授权的密码或身份证信息作为用户身份信息，一人一卡，较之密码开门，安全性显著提高。但是门禁卡转借或丢失造成的麻烦仍然会对出入口控制的安全性带来威胁。

生物识别，以用户的生物特征信息作为识别的依据，常见有指纹、掌形和人脸。此种方式对出入口控制的安全性显著提高。只需事先由系统采集用户生物特征信息，系统内予以设置，出入口配置相应的指纹仪、掌形仪或人脸识别装置即可。相较之下，人脸识别以其方便与快捷，更为新一代出入口控制系统青睐。

语音识别，在人工智能技术发展的今天，人们语音特征也被用来作为身份识别的依据。

目前，由于语音识别的唯一性较之人脸识别尚存差异，故常常采用人脸识别和语音识别综合应用，充分发挥人工智能在出入口控制系统的安全性和便捷性，具有强大的生命力。

4. 设备安装

（1）识读设备与门锁的安装

1）读卡器安装

读卡器安装在门外或门内侧，高度应距地面 1.4m，可根据用户的使用习惯，适当增加或者降低；当进门和出门均要刷卡时，两个读卡器应该相距一定距离，避免里外正对安装，以防干扰。如图 2-19、图 2-20 所示。

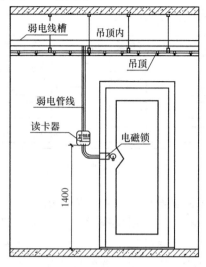

图 2-19　门禁读卡器安装位置正视图

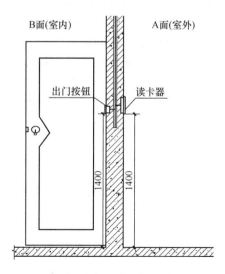

图 2-20　门禁读卡器安装位置剖面图

说明：一般情况下，读卡器的两条电源线和两条数据线必须接，对应控制板接线图连接即可。读卡器的线脚颜色定义以各家读卡器厂商的说明书为准，如图 2-21 所示。

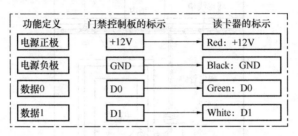

功能定义	门禁控制板的标示	读卡器的标示
电源正极	+12V	Red: +12V
电源负极	GND	Black: GND
数据0	D0	Green: D0
数据1	D1	White: D1

图 2-21　读卡器接线示意

读卡器的安装应紧贴墙面，四周无缝隙，安装牢固，配件齐全。读卡器一般通过专用机螺丝直接固定在暗装底盒上，注意固定牢固可靠，使面板端正。按设计及产品说明书的接线要求，将盒内引出的导线与读卡器的接线端子相连接。安装电磁锁、电控锁之前应核对锁具的规格、型号，与其安装的位置、高度、门的种类和开关方式相适应。电磁锁安装：首先将电磁锁的固定平板和衬板分别安装在门框和门扇上，然后将电磁锁推入固定平板的插槽内，即可固定螺丝，按产品说明连接导线。在金属门框安装电控锁，导线可穿软塑料管沿门框敷设，在门框顶部进入接线盒。木门框可在电控锁外门框的外侧安装接线盒及钢管。

2）电锁安装

① 电插锁

电插锁一般用于单开/双开玻璃门、上有框下无框玻璃门、上下无框玻璃门、单开/双开木门等，装在门的上方靠把手一侧。如图 2-22、图 2-23 所示。

电插锁通过扣板上的磁铁感应后才能上锁，扣板一般装在门扇上方，关门后，扣板上的磁铁对正锁内感应开关，感应上锁，因此门关好后能自动上锁。

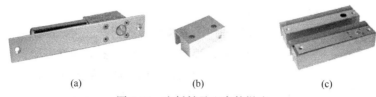

图 2-22　电插锁及配套件样式

（a）电插锁 DS1292；（b）玻璃下夹 DS1080；（c）玻璃上下夹

② 磁力锁

磁力锁一般用于铁门、防火门，如图 2-24、图 2-25 所示。

③ 电锁、门禁控制器与电锁电源的接线

不同性能的电锁有不同的接法，分常开型和常闭型，由门禁控制器的电锁继电器控制电锁的

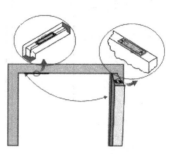

图 2-23　电插锁安装效果

开启或锁闭。检查电锁安装及接线是否正确，最简单的方法是：按出门按钮开门，电锁动作是否正常。

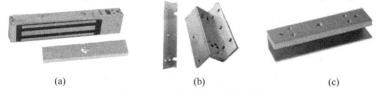

图 2-24　磁力锁及配套件样式

（a）磁力锁 DS5207；（b）辅助支架：ZL 夹；（c）辅助支架：玻璃 U 夹

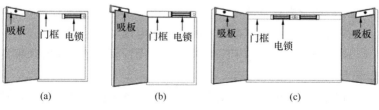

图 2-25　磁力锁安装效果

（a）外开式；（b）内开式；（c）双门外开式

（2）控制设备安装

门禁控制器箱体与框架应与建筑物表面配合严密，严禁采用电焊或气焊将箱体与预埋管口焊在一起。控制器箱通常安装位置依据设计而定，在无具体要求时宜安装于较隐蔽或安全的地方，防止人为破坏。控制器箱交流电源应单独敷线，严禁与信号线和低压直流电源线穿在同一管内。明装壁挂式控制器箱时，找准标高进行钻孔，埋入胀管螺栓进行固定。如图 2-26 所示。要求箱体背板与墙面平齐，其位置与高度依据设计要求并结合现场实际情况确定。

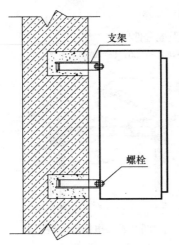

图 2-26　门禁控制器箱安装大样

（3）管理设备安装

系统管理设备包括 PC 工作站、打印机以及发卡器等信息认证设备，根据管理操作的需要安装于标准机柜或操作台面上。

5. 系统调试

（1）软件部署

管理软件，就需要事先创建数据库，再安装软件，并进行网络配置，软件注册后就可以正常使用。管理软件安装与操作，应参照软件说明书进行。

（2）功能检查及调整

按钮开门，按出门按钮开门，观察电锁动作是否正常。

刷卡开门，观察刷卡是否有记录，没授权的新卡应能采集到非法卡记录。

先发一张测试卡，对整个门禁系统的各种设备进行调试，测试刷卡开门等功能应正常。各项测试通过后，就可以批量发卡。

具有身份识别功能的系统，应先行检查注册用户生物信息应正常，而后检验控制识别用户信息的功能应符合设计要求。

（3）技术指标测试

系统将出入目标的识别信息及载体授权为钥匙，并记录于系统中。应能设定目标的出入授权，即何时、何出入目标、可出入何出入口、可出入的次数和通行的方向等权限。在网络型系统中，除授权、查询、集中报警、异地核准控制等管理功能外，均不应依赖于中央管理机是否工作。此外，还应测试识别信息开门的响应速度，测试识别率和误识率，均应达到设计规定的要求。

（4）系统检验要求及测试方法

系统检验项目、要求及测试方法，见表2-2。

系统检验要求及测试方法　　　　　表 2-2

序号	检验项目	检验要求及测试方法
1	出入目标识读功能检验	1. 出入目标识读装置的性能应符合相应产品标准的技术要求； 2. 目标识读装置的识读功能有效性应满足《出入口控制系统技术要求》GA/T 394 的要求
2	信息处理/控制设备功能检验	1. 信息处理/控制/管理功能应满足《出入口控制系统技术要求》GA/T 394 的要求； 2. 对各类不同的同行对象及其准入级别，应具有实时控制和多级程序控制功能； 3. 不同级别的入口应有不同的识别密码，以确定不同级别证卡的有效进入； 4. 有效证卡应有防止使用同类设备非法复制的密码系统。密码系统应能修改； 5. 控制设备对执行机构的控制应准确、可靠； 6. 对于每次有效进入，都应自动存储该进入人员的相关信息和进入时间，并能进行有效统计和记录存档，可对出入口数据进行统计、筛选等数据处理； 7. 应具有多级系统密码管理功能，对系统中任何操作均应有记录； 8. 出入口控制系统应能独立运行，当处于集成系统中时，应可与监控中心联网； 9. 应有应急开启功能

序号	检验项目	检验要求及测试方法
3	执行机构功能检验	1. 执行机构的动作应实时、安全、可靠； 2. 执行机构的一次有效操作，只能产生一次有效动作
4	报警功能检验	1. 出现非授权进入、超时开启时应能发出报警信号，应能显示出非授权进入、超时开启发生的时间、区域或部位，应与授权进入显示有明显区别； 2. 当识读装置和执行机构被破坏时，应能发出报警

6. 常见故障分析与排查

（1）识读部分故障

1）故障情况

将有效卡靠近读卡器，执行机构不动作。

2）故障原因

读卡器与控制器之间连线不正确。

线路严重干扰，读卡器数据无法传至控制器。

电锁供电的电源不足，电锁应为单独电源供电。

电控锁故障。

锁舌与锁扣发生机械性卡死。

（2）通信部分故障

1）故障情况

控制器不能与计算机通信。

2）故障原因（TCP/IP 为例）

控制器上跳线开关不处于 IP 方式。

控制器至计算机或网络扩展的距离超过有效长度。

IP 地址设置不正确。

（五）访客对讲系统

1. 系统概述

访客对讲系统是利用网络实现建筑内用户与外部来访者间互

为通话和互为可视功能的电子系统。通过语音通信（图像）对访客者进行确认，并能通过通话设备开启被控制的门的电子、机械闭锁系统。人口众多的我国，住宅建设和管理实行成片开发、集中管理的方式，访客对讲系统被广泛应用于住宅和住宅小区的安全管理。从 20 世纪末至今，访客对讲系统得到了广泛应用，从孤立单元对讲系统发展到目前普遍应用的小区联网管理的可视对讲系统。访客对讲系统的应用也扩展到了办公楼宇、园区、厂矿、学校等场所的安全管理，成为建筑智能化系统的重要配置，是弱电工程中不可或缺的组成部分。

2. 系统功能

访客系统主要有门口机、室内机、管理员机等设备及传输网络组成系统具有其基本功能是呼叫对讲和控制开门。

根据对于访客识别的功能不同，有可视型和非可视型之分，可视型访客对讲系统中，访客呼叫用户后，用户对访客能闻其声见其影。

在住宅小区中，小区出入口也配置门口机，并将其与所有住宅单元门口机通过小区管理员机一并联网，实施集散式控制与管理。并在上述基本功能基础上扩展了门口机与管理员、用户与管理员、用户与小区门口机之间呼叫对讲等其他多种辅助功能。可根据实际需要选用相应的产品。

当发生火警时，单元门锁应能自动打开。

3. 系统架构

访客对讲系统主要由前端、识读部分、执行部分、传输部分、管理/控制部分、显示以及相应的系统软件组成。系统有多种构建模式，可根据系统规模、现场情况、安全管理要求等，合理选择。访客对讲系统按其硬件构成模式划分，分为可视型和非可视型；按组网模式划分，分为独立式和联网式。

系统由门口主机、电控门系统、室内分机、不间断电源等基本部件构成，采用不同形式通信网络与系统管理机连接起来，就能够成为不同类型的访客对讲系统，应用于各类不同场所，满足各类用户的不同需求，如图 2-27 所示。

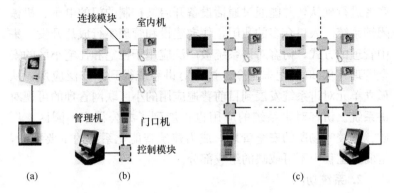

图 2-27　访客对讲系统联网模式
(a) 独户连接；(b) 独立单元联网；(c) 多单元联网

独户型直接连接模式常用于别墅型住宅和单个办公室。独立单元联网模式多见于独幢多、高层住宅或办公楼宇中。多单元联网普遍在住宅小区应用，一些科技园区也常有使用。

(1) 系统各类主要设备

1) 门口机：提供电控门控制与检测，为访客与用户提供操控和对讲。

2) 室内机：响应呼叫、实现与双向对讲（可视系统可监看门口机摄取的视像）、控制门口机开启电控门。

3) 管理机：管理系统内所有门口机、室内机；响应门口机呼叫，实现双向通话（可视系统可监看门口机摄取的视像），遥控门口机开门；响应用户室内机呼叫，双向通话；呼叫用户室内机，双向对讲；管理系统设备运行状态，响应设备故障报警信息；记录系统内呼叫、控制信息以及电控门启闭、故障报警处警等信息。

4) 连接模块：为室内机与门口机提供通信接口，以某种方式实现通信。

5) 控制模块：与门口机连接并与系统管理机的联网。常见产品将其内置于门口机之中。

（2）通信网络

系统通信网络因应用环境、联网规模以及产品技术要求的不同而差异。访客对讲的设备联网主要有两类，一类是门口机与室内机的连接，另一类是门口机与管理机的联网。常用的方式有：

1）分线制联网

用于门口机与室内机管理机之间的连接，将语音、控制、视频不同信号以及不同室内机分别以线缆直接连接。因线缆用量多、布线复杂，目前已经被总线或网络所代替。

2）总线制联网

由于用户集中于建筑物单元中并呈垂直分布，因此门口机与室内机之间常采用总线网络连接，如图 2-27（c）所示。在规模不大的社区内，门口机数量不算很多（数十台）分布又较为集中，也常见采用总线网络联网。

3）专用局域网

数字网络型对讲系统产品通常以社区专用局域网连接门口机、管理机、室内机。多见在较大型的居住社区，有些企事业单位也有应用。

4）共用电话网

将系统门口机、室内机、管理机均接入城市公共电话网，通过市话局交换设备连接起来。此种联网方式大大节约了联网管、线和工程量，也可见到不少应用案例。但此种联网必须取得公共电话管理和技术部门的配合，且为非可视系统，通信响应也会出现因线路交换带来的延时。

5）公共数据网

互联网云技术在我国成熟运用，智能手机也日益普及，利用互联网云建立对讲系统迅速得到推广，俗称"云对讲"。此种系统中用户的室内机被智能手机、平板电脑等移动通信终端的APP所替代，门口机、系统管理机均通过有线、无线等方式直接接入互联网，在互联网云平台上交互、管理系统信息，用户可以在任何互联网抵达的地方响应访客呼叫，使用十分便捷。有些产品还将人脸识别、语音识别技术应用于系统之中，人工智能水准不断提升，加之系统建设、维护方便、运行成本低廉、功能扩展强大，必将成为发展的趋势。

（3）电控门系统

访客对讲系统基本功能是对讲通话和控制开门，前端部分为电控门部分。电控门由门、电控锁、门口机以及门状态检测装置、开门按钮、闭门器等组成，如图 2-28 所示。

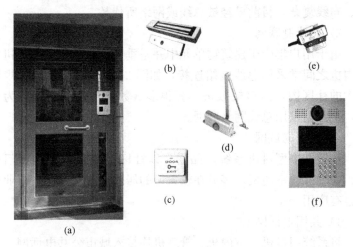

图 2-28　访客对讲系统前端设备设施与器件
(a) 电控门；(b) 电控磁力锁；(c) 开门按钮；
(d) 闭门器；(e) 磁控开关；(f) 门口机

1）电控门：是访客对讲系统的基础设施，是控制的对象物。对于出入口具有防入侵需求时，其门扇结构、尺寸、材质、加工工艺以及抗冲击性能等应达到《楼寓对讲电控安全门通用技术条件》GA/T 72 规定的要求。

2）电控锁：安装于门扇内侧，是门扇启闭的执行装置。它是一个由继电器控制的机械锁装置，目前已形成了多种不同结构的系列化产品，包括电插锁（阳极锁）、阴极锁、磁力锁、电控锁等。应当根据门扇的结构和使用要求选用。

3）闭门器：是安装门扇上的液压装置，可保证门被开启后，准确、及时地关闭到初始位置。应当根据门扇的重量级别选择相应规格闭门器。闭门器应当满足《闭门器》GB 2698 的要求。闭门器应具有调节速度的功能，在门扇关至最后 $15°\sim30°$ 时，应能使闭闭速度骤然减慢并发力关门，使门锁可靠锁门。同时在关门时所产生的噪声声压值不大于 75dB。如超过，可加装消声装置。

4）门状态检测装置：访客对讲系统要求系统对门的开、闭状态进行监控，故需要在门扇适当部位装置门状态检测装置，常见采用无源的门磁开关。它以输出的开关量表示门的闭锁状态还是开启状态。

5）门按钮：一般安装于门扇内测墙面，用以人工操作开门。

（4）门口主机

门口机是安装于建筑物通道出入口外用于人机交互的设备。门口机由通信与控制电路、传声器、扬声器、操控面板、显示器等组成，具有选呼、对讲、控制等功能。门口机连接电控锁、门状态检测装置、开门按钮，并以通信接口接入访客对讲系统传输网络。门口机有可视、非可视之分。可视型门口机设有微型摄像机，摄取图像供被叫用户查看。门口机操作面板均具有操作键盘，供访客按照住室编号选呼被访用户。在不少对讲系统产品中，门口机内置读卡器，从而使访客对讲系统与门禁控制端结合起来。"云对讲"系统中的门口机直接连接互联网云平台。

目前人脸识别技术已成熟应用于门口机，用以可靠甄别出入人员并为用户出入提供极大便利。

（5）室内分机

室内分机主要有对讲及可视对讲两大类产品，基本功能为对讲（可视对讲）通话、遥控开锁。随着产品的不断丰富，许多产品还具备了视频监控、安防报警、户户通、信息接收、远程电话报警、留影留言提取、家电控制等功能。

室内机在原理设计上有两大类型，一类是带编码的室内分机，其总线分支器简单分线即可；另一类编码由门口主机或分支器完成，室内分机做得很简单。

对讲分机的外观类似于面包电话机，趋向于多样化。可视分机方面趋向于超薄免提壁挂，但流行最多的仍是壁挂式黑白可视分机。

在"云对讲"系统中，以智能手机、平板电脑等移动通信终端的 APP 替代室内机，免除了繁杂的布线，方便用户接听，在宽带网普及的今天已具有强大的生命力。

4. 设备安装

设备安装需要注意以下几点：

门口机安装在单元入口处防护门上或一侧墙面便于操作的位置，室内机宜安装在起居室（厅）内，主机和室内分机底边距地宜为 1.3~1.5m，并应与室内装饰协调一致，特别防止家居布置影响室内机的操控。

访客对讲系统应与监控中心主机联网。

设备联网需规划合理，与门禁、梯控等一卡通系统综合应用时应事先规划设备安装部位、通信网络和控制逻辑。

门口机应保证可靠供电，其供电器应安装于门扇内侧合适的部位，并保证失电开门。

5. 系统调试

访客对讲系统的调试应检查设备安装、线缆接续无误的情况下进行，并按照门口机→单元→联网的顺序实施。

（1）门口机调试

门口机调试主要内容：

1）门口机供电器

测量供电器电压符合要求，能够使门锁可靠动作并不发生电压跌落至规定范围之外的现象。在具有不间断电源时，应检查不间断电源转换是否可靠适时。

2）门扇调整

调整门扇开、闭顺畅、到位，闭门时可靠锁定；调整闭门器螺母使门扇在无外力情况下自动迅速关门，且关至最后 15°~30°

时，使闭门速度骤然减慢并发力关门，使门锁可靠锁门。

3）门磁调整

检查门磁开关（门状态检测装置）安装牢固，并在门扇开、闭状态转换时开关量输出应适时、准确。

4）开门按钮调试

按动开门按钮，检查门锁、门扇开启是否适时、可靠。

5）用户识别自动开门

如同出入口门禁系统调试，检验智能卡识别、密码识别或人脸（指纹）识别的误识率、识别率和识别延时时间应符合设计和相关规范的要求。

（2）单元系统调试

1）选呼检测

通过门口机按键选呼用户室号，用户室内机应振铃，选呼准确，无误选漏选现象，振铃声响清晰。可视型系统的室内机应清晰显示门口景象。

2）对讲功能检测

用户室内机摘机，停止振铃，双向对讲，语音清晰（包括室内机和门口机），无振鸣现象。

3）控制开锁检测

用户在室内机按动"开门键"，单元门应即刻开锁，并终止对讲和视像显示。

（3）全系统调试

1）管理机应响应系统内任一用户呼叫，管理机接听，双向对讲通话。当两个以上用户同时呼叫时，应在接听一用户的同时显示其他呼叫用户的信息（一般为单元号和住室号）。对讲语音清晰，无振鸣。

2）管理机响应系统内任一门口机（包括小区门口机）呼叫，管理机接听，双向对讲，管理机可显示呼叫门口机摄取的视像（可视型系统）。当两个以上门口机同时呼叫时，应在接听一门口机的同时显示其他呼叫门口机的信息（一般为单元号和小区出入口号)。对讲语音清晰,无振鸣。当单元门口机请求帮助开门时,管理机可通过"开门"键开启相应单元门锁。无错开、漏开现象。

3)管理机呼叫对讲

管理机可通过按键操作呼叫系统内任一用户,用户接听后实现双向对讲通话,无错呼、漏呼现象,语音清晰,无振鸣。

4)小区门口机响应用户、管理机呼叫,接听后双向对讲,语音清晰,无振鸣,无错呼、漏呼现象。

5)系统信息管理

管理机对系统内门口机失电、常开门、门锁损坏、系统断网等故障应能报警,显示报警时间和地址。

6)PC机管理系统调试

具有PC机管理的访客对讲系统应在完成上述调试同时进行管理平台总调试,调试步骤大致如下:

①部署管理系统软件,创建管理小区,配置系统清单(小区出入口门口机、住宅单元门口机、住户住室号)。可在调试门口机之前完成,并配合门口机、室内机调试。

②显示系统信息应完整、适时、准确。系统信息包括小区出入口设备部署静态信息,各出入口呼叫、对讲、开闭门实时信息(可视型系统门口机发送的视像),系统设备报警信息(门口机断电、断网、门常开、门锁损坏等)和住户求助信息(部分系统产品具有此功能)。

③检查系统历史信息。包括系统设备所有静态信息、动态信息,对于各类报警,还可检查管理员处警的信息。

6. 常见故障分析与排除

(1)室内机指示灯不亮

检查电源线是否短路、开路、正负极性接错、网线线序错误等。

(2)室内机图像不能充满屏幕

确认电源输出电压是否正常;查看电源线路是否过长或太

细；检查电源地线是否有开路。

（3）某些住户呼不通

首先确认不同住户所在楼层，是否存在规律；如果为某层以上不通，请检查开始不通的楼层及以下几层是否存在数据线不通情况；个别住户不通请检查设备码是否正确；检查线路是否有插错情况；经以上检查后仍不通可以适当调节终端适配器终端电位器。

（4）某些住户号码错误

使用写码器检查地址码是否正确；检查入户线是否有插错情况。

（5）室内机听不见门口机声音并且不能开锁

检查室内机到适配器的音频线是否存在开路或短路、线序错误等。

（6）室内机听不见门口机声音但能开锁

检查适配器到门口机音频线是否开路或短路、线序错误等。

（7）门口机听不见室内机声音并且不能呼叫中心

检查室内机到适配器的音频线是否存在开路或短路、线序错误等。

（8）门口机听不见室内机声音但能呼叫中心

检查适配器到门口机音频线是否开路或短路、线序错误等。

（9）图像有重影

适当调节终端适配器的视频终端电位器。

（10）门口机不能刷卡开门

检查是否使用相兼容的门禁卡；显示提示非法卡，则为卡未经授权；室内机、门口机刷卡均不能开门，则检查电锁接线线路；按退出工作状态重新刷卡。

（11）个别室内住户不能开锁

按动开键听筒是否有咔声，无咔声则检查开锁按键，有咔声检查住户到适配器连线，如果连线正确则检查可视室内机的电源地线是否开路或电源线过线过长。

（六）电子巡查系统

1. 系统概述

电子巡查系统是对保安巡查人员的巡查路线、方式及过程进行管理和控制的电子系统。该系统在需要人员定时或不定时巡逻检查的场合用以对巡检工作进行科学的管理。

电子巡查系统包括两种：离线式电子巡查系统和在线式电子巡查系统。离线式电子巡查系统是指巡查人员采集到的巡查信息不能即时传输到管理终端的电子巡查系统。在线式电子巡查系统是指识读装置通过有线或者无线的方式与管理终端通信，使采集到的电子巡查信息即时传到管理终端的系统上。在线式电子巡查系统由于需要布线，造价较高，因此普遍采用离线式电子巡查信息系统。

2. 系统功能

电子巡查系统的工作流程是巡逻人员手持巡检装置，沿着规定的线路巡查。同时在规定的时间到达巡查地点，用巡检器读取巡检点信息。巡检器会自动记录到达该地点的时间和巡检人员，然后通过数据通信线将巡检器连接计算器，把数据上传到管理软件的数据库中，管理软件对巡检数据进行自动分析并智能处理。

3. 系统架构

电子巡查系统通常按照信号传输方式区分，在线式和离线式两类。

1）离线式电子巡查系统

离线式电子巡查系统由信息装置、采集装置、信息转换装置、管理终端等部分构成，其原理框图如图 2-29 所示。

① 信息装置——安装于现场表征地址信息的载体，如电子信息钮。电子信息钮在生产时就封装一条表征信息于其中，此信息唯一、不可更改。

② 信息采集装置——用于采集、存储和处理巡查信息的设

图 2-29 离线式电子巡查系统原理

注 1：图中大虚线框表示其中设备可以是一体化设备，也可以是部分设备的组合；

注 2：图中小虚线框中的打印机表示属于可选设备。

备，如巡查棒等。独立的手持式巡查棒由巡查人员抵达预定位置后采集信息装置的地址信息，并存储其中。每个采集装置存储不少于 4000 条巡查信息。

③ 信息转换装置——用于采集装置与管理终端之间进行信息转换和通信的装置。常见以插座的形式置于管理终端一侧，以通信线缆连接管理 PC 机，也称通信座。

④ 管理终端——对巡查信息进行搜集、存储、处理和显示的设备，通常由管理计算机（PC）配以巡查管理软件、打印机组成。

应用离线式电子巡查系统管理，必须在巡查结束或保安交接班时，才能获得该巡查人员巡查的路线、时间等过程信息，属于事后管理。但由于无须线路连接，成本低廉，且配置简便、灵活，应用十分广泛。

2）在线式电子巡查系统

在线式电子巡查系统由识别物、识读装置、管理终端等部分构成，其原理框图如图 2-30 所示。

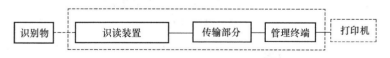

图 2-30 在线式电子巡查系统原理

在线式电子巡查系统由识别物、识读装置、管理终端等组成。识读装置通过有线或无线通信网络与管理终端通信，使采集到的巡查信息能即时传输到系统终端。

在线式电子巡查系统的管理终端能够获得巡查过程中的即时信息，能够确定巡查人员当前所在的具体位置。一般在安保规格高、巡查工作要求严格的场合使用。

对于电子巡查系统，我国也有具体规范要求，《电子巡查系统技术要求》GA/T 644 对系统构成、应用模式、设备器件技术明确了具体要求，还对巡查系统管理软件的基本功能也做出了具体规定。如要求在线式巡查系统中巡查信息传输至管理终端的响应时间应小于 5s，如果采用电话网传输，响应时间应小于 20s。

在线式电子巡查系统的应用有两种模式：本地管理模式和联网管理模式。建筑物或建筑群的公共安全防范用于保安的巡查管理一般采用本地管理模式。

近年来，利用移动互联网和移动通信终端实行在线式电子巡查的模式屡见不鲜。具体做法各不相同。有的采用智能手机在巡查点拍摄一幅照片上传至中心。也有将二维码贴于预定巡查点，巡查人员持有移动终端直接在现场扫描二维码，该信息即刻通过移动互联网上传至"云"，由所属的管理客户端实施管理。

4. 设备安装

（1）信息钮安装

将信息钮主体部分和后盖打开，如图 2-31 所示的顺序安装在相应的地址点。在需要安装信息钮的地方用冲击钻（ϕ6）钻孔，再钉入胶塞，将信息钮的后盖用螺钉固定在已确定好的胶塞上；将信息钮的主体部分对应扣合在后盖。

（2）巡查棒采集信息

人名钮的采集：

采集方法是：将巡查棒的碰头与人名钮芯片略微倾斜呈 45°角碰触，红灯亮表示数据采集成功。

巡查棒有一红色指示灯闪烁，表示电压正常，如使用中发现指示灯未闪烁，则表示电池电压不足需更换电池。

① ②

图 2-31　信息钮安装顺序

成功采集数据后，红色指示灯会持续亮 2s，以便保安人员识别数据是否采集成功。

（3）通信座安装

如图 2-32 所示的方式用串口线的 9 芯插头插入控制器的一端，另一端插入计算机的一个空余串口（com1 或 com2），如果计算机的串口是 25 芯，则需一个 25 芯转 9 芯的转换器，连接正确，进入电子巡更系统软件控制器有一个绿色指示灯亮，进行功能操作时红色指示灯闪烁。

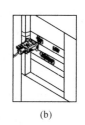

(a)　　　　　　　　(b)

图 2-32　通信座接插口连接

（a）通信座；（b）电脑

5．系统调试

（1）安装巡查软件

1）按软件说明书为管理 PC 安装巡查软件。

2）编制巡查路线。

（2）巡查测试

1）按设置好的巡查路线巡查一次。

2）通过管理软件读取巡查机内数据。

3）查询巡查数据，并符合实际巡查时间。

4）用巡查机按设置好的巡查路线，巡查一次。并故意漏巡 2～5 个巡查点。

5）通过管理软件读取巡查机内数据。

6）查询巡查数据，查看合格巡查数据和漏巡巡查数据，与实际是否一致。

（七）停车库（场）管理系统

1．系统概述

停车库（场）管理系统对进、出停车库（场）的车辆进行记录、出入认证和管理的电子系统。

　　停车库（场）管理系统是指基于现代化电子与信息技术，在停车区域的出入口处安装自动识别装置，通过非接触式卡或车牌识别技术对出入此区域的车辆实施判断识别、准入/拒绝、引导、记录、收费、放行等智能化管理，其目的是有效控制车辆与人员的出入，记录所有详细资料并自动计算收费额度，实现对场内车辆与收费的安全管理。

　　2. 系统功能

　　停车库（场）管理系统的主要功能是识别车辆特征信息，控制车辆出入，保障停车库（场）安全和有序停车。

　　对于需要收费的停车库（场），系统具有停车计时、计费功能。

　　在城市一些大型停车库内，还配置有停车导引和反向寻车等更具人性化的功能。

　　目前还通过移动互联网云技术，利用个人移动通信终端APP进行停车查询、停车位预约、移动支付，成为城市智能交通的重要组成部分。

　　3. 系统架构

　　停车库（场）管理系统基本组成有入口、库（场）区、出口和中央管理等 4 个部分，如图 2-33 所示。

　　1）入口部分

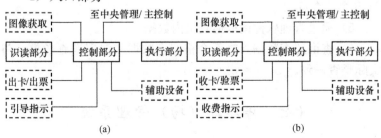

图 2-33　停车库（场）管理系统构成

(a) 入口部分；(b) 出口部分

入口部分主要由识别、控制、执行3部分组成，根据需要可扩充自动出卡/出票设备、识读/引导指示装置、图像获取设备和对讲等设备。

① 识读部分：完成车辆身份的识别，并与控制部分交互信息。

一是判断有无车辆进入。通常车辆入口前端的地面下方安装地感线圈，感知车辆进入通道的信息，通过车检器形成数据，送至控制部分。

二是车辆身份识读。车辆身份标识通常以智能卡、电子标签、条形码、磁条票、打孔票和车俩号牌等标示。住宅小区、科技园区、厂区及企事业单位等自用的停车库（场），一般为用户授权发放具有时效期限的固定智能卡、电子标签等，商业时租型停车库（场）通常以自动出卡/出票装置发放临时卡/票。上述各类车辆身份标识的信息介质通过识读装置识读，将此车辆身份信息送入控制设备。

随着信息识别技术的日益成熟，车牌自动识别技术得到推广和普及，车辆号牌成为本系统中车辆身份的标志。在车辆入口处安装车牌识别摄像机，读取车牌信息，送达控制设备。为达到预期的识别效果，车牌识别摄像机应具有防强逆光的性能，在配置入口设备中需要增配补光灯，提高车牌的光照度，使获取的车牌图像达到识别需要的清晰度。

② 控制部分：比对车辆身份信息，根据比对结果生成控制信息送入执行设备。为此，预先必须将允许进入的车辆身份信息存入系统数据库。自用停车库（场）的系统中，用户车辆身份信息是在管理部门注册登记时预先存入系统之中。时租型停车库（场）的管理系统中，车辆身份有效信息是伴随出卡/出票设备发卡出票的过程中实时存入系统数据库的。

③ 执行部分：接收控制部分的指令，驱动挡车器做出放行或阻挡动作。常见挡车器有电动栏杆机（亦称电动道闸或电动闸机）、折叠门、卷帘门、升降式地挡等。为避免因系统故障危及

车辆安全，挡车器应当具备防砸车的功能，即挡车器在非闭锁状态时，具有防止执行部件碰触已进入挡车器工作区域车辆的控制逻辑。

④ 辅助设备：入口部分的辅助设备包括车位状态显示装置以及告知、提醒、报警等显示装置，用以车辆有序、规范进入。

2）出口部分

出口部分的设备与入口部分基本相同，但其扩充功能的设备有所不同，无需出卡/出票设备和入库（场）引导指示装置，但增设了收卡/验票设备。在时租型停车库（场）的出口部分还需要配置收费指示装置。在车牌自动识别的管理系统中，出口部分还配置一台 PC，车辆验证过程中还能自动调取该车辆入口时抓拍的图像，并与出口获取的图像在同一界面内进行直观比对，使得管理更为严密。

在一些现代化程度较高的时租型大型停车库（场）内，运用自动扫码付费的技术系统，为驾车者在驾车离场前完成扫码付费，有效避免了因收费行为致使出口堵车的现象。

3）库（场）区部分

库（场）区部分可根据现场实际状况和管理的需求配置车辆引导装置。常采用灯光、标志牌等设施指示。为保持库（场）区的安全、有序，还可配置视频安防监控系统、电子巡查系统、紧急报警等技术系统。

设有停车位自动引导功能的停车库（场）系统中，通常采用雷达侦测或图像识别技术，将库（场）内所有停车位空、满状态进行实时侦测，将车位空/满信息录入系统，通过管理系统的比对分析，引导入库（场）车辆就近驶向具有空位的区域停泊车辆。

4）中央管理部分

中央管理部分是系统的管理与控制中心，由中央管理单元、数据管理单元（数据库）、中央管理执行设备等组成。中央管理单元和数据库通常集成在一起，如图 2-34 所示。管理执行设备

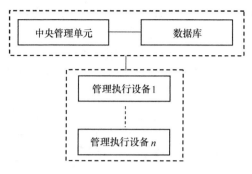

图 2-34　中央管理部分组成

主要包括车辆身份信息授权设备、信息传输网络及灯光显示和打印等设备。

管理执行设备分别按照实际需要配置于各入、出口和库（场）区。

中央管理部分主要完成操作权限、车辆出入信息的管理、车辆身份注册授权和鉴别、车辆出入/停放行为的鉴别以及车辆停放时间和付费计算等功能。

5）系统联网

停车库（场）管理系统按照停车库（场）出入口数量和管理的需要确定联网模式。

设置于同一位置的出、入口的停车库（场），可将入口、出口和管理设备同置于一室（岗亭）内，就近直接连接成网。

具有多个出入口的停车库（场）或需要对多个停车库（场）进行集中管理时，均需要专用或共用的网络予以连接，通信网络形式常见有总线网络或 TCP/IP 局域网。这样，车辆在一个入口进入在另一个出口离库（场），同样能够在一个数据库和管理系统中实施控制和管理。

随着物联网、移动互联网和云计算技术的发展，已经有不少场合采用将分散于不同区域、不同城市的停车库（场）管理系统连接到同一个信息平台上，俗称"车联网"，进行更大范围的集中管理，具有停车咨询、引导、预定车位等功能，充分挖掘城市停车位资源，方便市民车辆停放，缓解城市"停车难"。

6) 停车库（场）管理系统应用场景

如图 2-35 所示为某停车库管理系统出、入口设备实际布置。

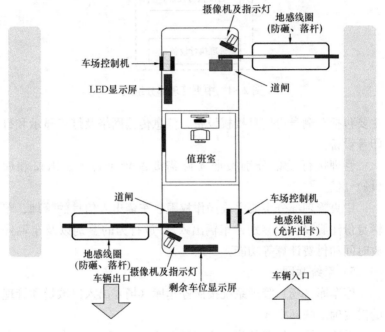

图 2-35　停车场示意

当车辆到达停车场入口时，位于入口处的相机屏一体机抓拍车辆进场图片，并在前端进行车牌识别分析，得出车牌识别结果后，将该车牌上传至数据中心，若该车牌为白名单用户（即长期用户），系统控制道闸开启放行，车辆正常驶入，不做计费。若为临时用户，系统记录车牌信息及进场时间，系统控制道闸开启，对该车辆放行。

当车辆到达停车场出口时，位于出口处的相机屏一体机抓拍车辆进场图片，并识别车牌，系统根据车牌识别结果判断用户，若为长期用户，则系统控制道闸开启，对车辆放行；若为临时用户，根据进场时间计算停车费，管理员对车辆收费后，开闸放行。

① 相机屏一体机

相机车牌屏如图 2-36 所示，是停车场出入口识别车牌显示一体机，集相机、显示屏、补光灯和语音一体的产品。

② 挡车器

挡车器，亦称道闸，如图 2-37 所示。电动机与机械机构置于防护箱体。挡杆采用高强度铝型材，外贴红色反光膜，在夜间亦清晰可见，保证车辆安全行驶。

图 2-36　相机车牌屏　　　　　图 2-37　挡车器

③ 地感检测器与地感线圈

地感检测器主要用于车辆存在检测，其感应线圈预埋于地下，线圈上方不应有金属物，以免影响感应灵敏度。

4. 设备安装与调试

读卡机（IC 卡机、磁卡机、出卡读卡机、验卡票机等）与挡车器安装：读卡机安装位置方便驾驶员读卡；读卡机与挡车器的安装距离宜大于 2800mm；读卡区域的安装高度宜大于 900mm。

出入口设置安全岛、防撞设施等相应的保护措施。

（1）道闸安装与调试

1）安装前准备

选择安装位置：档杆面朝外（路口）；道闸地面应与路面同处一平面。根据预先检查情况，确定道闸的安装位置及布线位置。底盘位置尺寸如图 2-38 所示，当确定好位置后，根据现场情况做好道闸基础，非混凝土地面的要做现浇基础。已是混凝土地面的可用随机提供的膨胀螺栓固定。安装时需注意以下几点：

① 道闸安装垂直和水平倾斜度不应大于±1°。

② 道闸不得超出车道线。

③ 箱底与地面接触紧密，间隙处用水泥抹平。

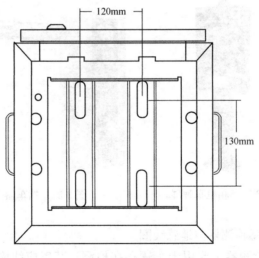

图 2-38　底盘图

2）道闸调试

道闸出厂时已根据挡杆长度和挡杆重量将弹簧调整到了平衡状态，一般不需要再行调整，如确需调整，可参考以下几点：

① 齿轮机芯运行平稳性

道闸能升不能降：反向拧松固定弹簧螺帽，弹簧过紧拉力过大，需调松。

道闸升不起来：正向拧紧固定弹簧螺帽，弹簧过松拉力太小，需拧紧。

道闸升杆抖动：道闸升杆过程杆子抖动运行不平稳，这是弹簧拉力过大导致的，需拧紧固定弹簧螺帽来调节。

道闸落杆抖动：道闸降杆过程杆子抖动运行不平稳，这是弹簧拉力过小导致的，需拧紧固定弹簧螺帽来调节。

② 栏杆水平、垂直调整

道闸断电后，打开前侧箱盖。

在水平状态时，离合转柄转至离状态，手段转动使曲柄与可调连杆成一直线，观察道闸栏杆是否为水平方向，如果不水平，调整主轴为宗旨，使栏杆呈水平位置。

道闸通电工作，观察起、降杆是否到位（落杆后是否水平、起杆后是否垂直），如果没有到位时，调整电子限位器的位置（可转动限位器进行调整）。

（2）相机屏一体机安装与调试

摄像机安装位置能使所拍摄图像清晰显示车辆号牌、车型等车体特征。

1）铺设地基

根据现场实际情况，确定一体机的安装位置，非混凝土基础应做混凝土基础，要求浇筑的水泥安全岛高度为 15cm，没有安全岛时也需要浇筑和设备底部相同尺寸的水泥柱，并依照相关标准的规定敷设走线管。

2）机箱安装

机箱底部安装尺寸，如图 2-39 所示。确定一体机的安装位置，按图示尺寸划好中心线及机箱边框线，然后将机箱支架放在图示位置，划好钻孔线之后，移开机箱支架，用

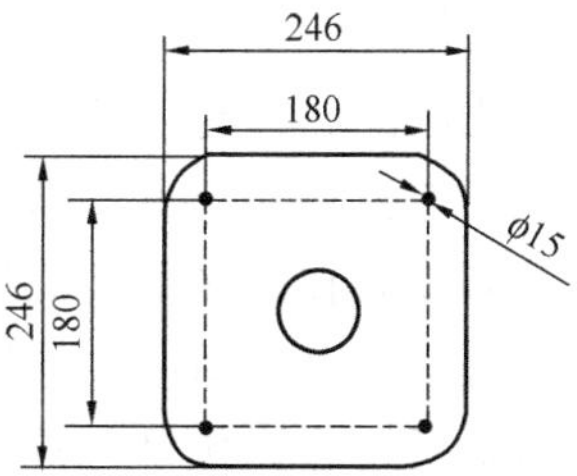

图 2-39　机箱底部安装示意

冲击钻在划好的孔位置上进行钻孔，插入膨胀螺栓。注意：孔深及孔径应与膨胀螺栓相配套，应保证机箱底平面在水平面上。要求安装高度在 1.5～1.7m，抓拍距离 3.8～4m，车牌像素点为 140～160 左右，要求在抓拍图片中能够显示整辆车，车牌在整个图片居中偏下位置；车牌与图片边不平行，可以通过万向节调整尽可能平行（夹角小于 8°）。

（3）安装调试高清相机

相机安装：显示屏箱体和相机是分离的，需要先把线缆从管线穿到一体机箱体内，然后从万向节处穿出；固定好一体机箱体，再安装相机。

相机调试：将相机顶盖打开，并将相机固定的防护罩内底板上的螺钉松开两圈。然后根据安装距离和车牌像素要求，调节焦距和清晰度到合适位置。

固定高清相机时，请注意镜头与防护罩玻璃之间的距离，这个距离太大，晚上车辆的大灯反射到玻璃上，会导致图片中形成一个"光团"，影响图片质量。待镜头调焦完成之后，尽量将高清镜头贴在防护罩的玻璃上。

车牌像素点最合适在 140～160 之间。焦距是镜头和感光元件之间的距离，通过改变镜头的焦距，可以改变镜头的放大倍数，改变拍摄物体图像的大小。焦距越大，放大倍数越大。增加镜头的焦距，放大倍数增大了，可以将远景拉近，画面的范围小了，远景的细节看得更清楚了；如果减少镜头的焦距，放大倍数数减少了，画面的范围扩大了，能看到更大的场景，近景的细节看得更清楚。

用画图软件打开抓拍后的车辆图片，用画图选择工具选择车牌（选取范围不能超过车牌），可以看到像素点在 140～160 之间；若没有在此区间，需要调节相机达到最佳像素点。

最后，将主机防护罩固定到主机安装的支架上。当调焦至图像清晰后，将调焦螺钉拧紧。

（4）地感线圈铺设和调试

地感线圈需用单股铜芯线绕十一圈，出线圈用双绞式，出地面需用绝缘导管，如图 2-40 所示。绝缘导线不得破损保护层，用数字表测对地电阻须大于或等于 10MΩ，直流电阻须为 4～6Ω。

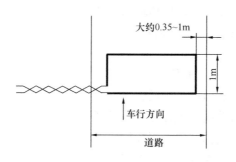

图 2-40　地感线圈安装

用水泥方式浇筑，电源线在布线施工时离地感线的最小距离不能小于 1m。

5. 系统调试

系统响应时间，从车辆身份信息确认放行到挡车器开启的响应时间应不大于 2s；按取卡键到出卡机出卡响应时间应不大于 2s。非网络型系统的计时精度不低于 5s/d；网络型系统的中央管理主机的计时精度不低于 5s/d，其他的与事件记录、显示及识别信息有关的各计时部件的计时精度应不低于 10s/d。

系统管理软件事件信息保存时间应不少于 1 年；出入口和场区内的图像保存时间应不少于 30 天。

在距离音源正前方 0.5m 处，出入口部分声提示声压值应不低于 55dB（A）；具有图像比对功能的系统，显示彩色图像的水平分辨率应不低于 220TVL，灰度等级应不低于 7 级；黑白图像的水平分辨率应不低于 320TVL，灰度等级应不低于 8 级。

系统可靠性按系统各组成部分的产品标准执行。

停车库（场）安全管理系统的接口可提供硬件接口和软件接

口，便于系统的硬件集成及与其他系统的联动（网）；也便于实现与其他系统的集成。如：出入口控制、视频安防监控等系统的联动与共享。

系统可通过有线或无线方式实现对各种信号/数据的传递，且具备自检功能，并保证传输信息的安全性。

6. 常见故障分析与排除

（1）设备常见故障

1）读卡机所有通信不通

检查发行器串口是否设置错误。

检查通信总线是否存在短路或断路。

检查读卡机箱主板是否死机。

检查发行器通信芯片是否损坏。

替换数据线，看是否数据线坏。

检查有源 485 卡是否损坏。

检查电脑主板串口是否损坏。

2）读卡机部分通信不通

检查读卡机是否死机。

检查读卡机号是否设置正确。

检查读卡机控制板通信芯片是否损坏。

检查读卡机控制板的单片机芯片是否损坏。

读卡机主板故障。

线路或外界环境干扰。

3）读卡机读卡故障

① 读卡无反应

检查读写天线、读写模块、单片机芯片、是否有车读卡作相应的维修更换或设置。若为 2010 年 5 月以后的 IC 系统则有可能是密码丢失，需重新加载。

② 读卡无开闸

IC 卡是否过期、挂失。

读卡机主板是否有开闸信号输出。

开闸线故障。

道闸控制盒是否损坏。

接线端子插件是否损坏。

软件是否为确认开闸。

4）出卡机故障：出卡机不出卡

出卡板设置有车或无车出卡跳线。

检查出卡机按钮是否损坏。

检查出卡机 DC24V 开关电源是否损坏。

检查 IC 卡片是否少于应放的数量。

出卡间隙太窄或太宽。

地感有信号不出卡是地感死机。

检查 IC 卡片是否变形。

5）显示屏乱码

显示屏进水（吹干水处理）。

灰尘过多短路（除尘处理）。

单片机芯片松（重新插紧单片机芯片）。

字库芯片坏（更换字库芯片）。

屏主板坏（更换显示主板维修）。

6）显示屏不显示

显示屏无电源（更换变压器或插件线接好）。

显示屏主板单片机芯片坏（更换单片机）。

显示屏主板坏（更换显示主板）。

7）读卡机经常自动关机

供电 220V 是否正常（正常供电 220V 左右）。

单片机芯片接触不好（重新插好芯片）。

干扰导致（地线可靠接地或作相应防干扰措施）。

（2）软件常见故障

1）软件登录在线管理便死机

视频卡和别的卡冲突，换插槽。

软件被破坏，备份数据库，重装软件。

2）软件无法进入出入管理

检查读卡机是否通信正常。

检查网络是否正常。

3）软件在刷卡时反应慢或电脑死机

检查操作系统是否正常。

车辆库数据不能太多，删除少量数据，并进行数据库优化处理。

网络是否稳定，传送速率低。

4）软件图像无图像

查看映射的网络盘符是否正常。

图像是否被删除。

5）图像不清楚

视频设置不正常。

显示器分辨率、颜色桌面大小调节。

（八）应急响应系统

1. 系统概述

应急响应系统是为应对各类突发公共安全事件，提高应急响应速度和决策指挥能力，有效预防、控制和消除突发公共安全事件的危害，具有应急技术体系和响应处置功能的应急响应保障机制或履行协调指挥职能的系统。

应急响应系统成为公共建筑、综合体建筑、具有承担地域性安全管理职能的各类管理机构有效地应对各种安全突发事件的综合防范保障。应急响应中心是应急指挥体系处置公共安全事件的核心，在处置公共安全应急事件时，应急响应中心的机房设施需向在指挥场所内参与指挥的指挥者与专家提供多种方式的通信与信息服务，监测并分析预测事件进展，为决策提供依据和支持。按照国家有关规划，应急响应指挥系统节点将拓展至县级行政系统，建立必要的移动应急指挥平台，以实现对各级各类突发公共事件应急管理的统一协调指挥，实现公共安全应急数据及时准确、信息资源共享、指挥决策高效。

随着信息化建设的不断推进，公共安全事件应急响应指挥系统作为重要的公共安全业务应用系统，将在与各地区域信息平台互联，实现与上一级信息系统、监督信息系统、人防信息系统的互联互通和信息共享等方面发挥重要的作用。因此，应急响应系统是对消防、安防等建筑智能化系统基础信息关联、资源整合共享、功能互动合成，形成更有效的提升各类建筑安全防范功效和强化系统化安全管理的技术方式之一，已被具有高安全性环境要求和实施高标准运营及管理模式的智能建筑中采用。

2. 系统组成

应急系统通常由信息采集、传输控制、指挥调度、监控显示等部分组成。如图 2-41 所示。

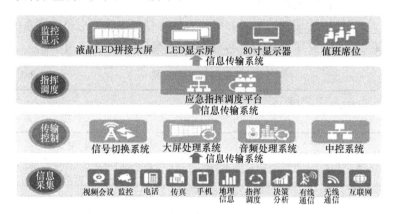

图 2-41　应急系统组成

3. 系统分类分级

（1）应急系统按突发事件分类

应急系统按突发事件类型可分为自然灾害、事故灾难、公共卫生事件、社会安全事件四类，如图 2-42 所示。危害程度由高到低划分为特别重大（Ⅰ级）、重大（Ⅱ级）、较大（Ⅲ级）、一

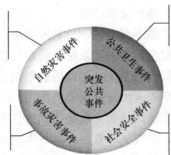

- 水旱灾害
- 气象灾害
- 地震灾害
- 地质灾害
- 海洋灾害
- 生物灾害
- 森林草原灾害

- 交通运输事故
- 公共设施和设备事故
- 环境污染和生态破坏事件

·传染病疫情
·群体性不明原因疾病
·食品安全和职业危害
·动物疫情
·其他严重影响公众健康和生命安全的事件

·恐怖袭击事件
·经济安全事件
·涉外突发事件

图 2-42 突发事件类型

般（Ⅳ级）四个级别，并依次采用红色、橙色、黄色、蓝色来表示。

（2）按使用管理者分类

按使用管理者的不同，可分为执行型与决策型应急指挥系统两类，其主要区别见表 2-3，其重要性分级如图 2-43 所示。

按使用管理者分类　　　　　　　　表 2-3

项目　　分类	执行型	决策型
主要功能	执行/日常/突发	决策/突发
联动程度	小/局部	大/广
应急依据	职能部门经验与预案	预案、法律、法规、专家支撑
事件影响程度	一般/较大突发事件	重大/特大突发事件
系统需求	快速响应并执行	指挥、决策
信息发布	一般不需要	需向社会公开
系统特点	以技术为主	以指挥联动决策为主
系统投入	硬件为主	软件为主

图 2-43　应急系统重要性分级

4. 应急响应系统基本功能

由于突发事件的种类、发生的时间、发生的地点不同，应急管理工作内容及其侧重点也不同，因而针对不同的事件、不同区域建设的不同类型的应急管理系统在目标与功能上有较大差别。不同类型的应急响应系统其功能细节有所不同，总体上都是借助当今信息技术，通过集成的信息网络和通信系统，集语言、数据、图像为一体，通常具备以下基本功能：

（1）对各类危及公共安全的事件进行就地实时报警。

（2）采取多种通信方式对自然灾害、重大安全事故、公共卫生事件和社会安全事件实现就地报警和异地报警。

（3）管辖范围内的应急指挥调度。

（4）紧急疏散与逃生紧急呼叫和导引。

（5）事故现场应急处置。

（6）接收上级应急指挥系统各类指令信息。

（7）采集事故现场信息。

（8）多媒体信息显示。

（9）建立各类安全事件应急处理预案等。

5. 应急响应系统的配置

根据应急响应系统的基本功能，除火灾自动报警系统、安全技术防范系统以外，应急响应系统还应配置下列设施：

（1）有线/无线通信系统

通信系统是日常通信联络和应急状态下确保各项指令及时发布的重要工具，包括有线调度系统、数字录音系统、多路传真系统和无线通信系统。

1）有线调度系统

利用 CTI 技术，通过系统开发，实现通过电话、短信、传真等进行指挥调度等功能。

2）数字录音系统

数字录音系统主要由录音服务器、专用录音卡、电话实时录音系统软件组成。数字录音系统可实现对有线电话调度系统的录音功能。系统具有对突发事件报警电话的录音、存储、备份、查询、放音和录音监听、管理等功能。

3）多路传真功能

实现了整个应急通信系统对外批量文件的传真发送，多路传真系统是利用计算机实现对传真的接收、发送、自动分发、分类管理等功能，实现传真系统无纸化。

4）无线通信系统

无线集群通信系统是现场无线指挥调度最佳方式，它具有其他商业通信网无法提供的快速无线多用户接通能力（不到 1s），系统建设可利用当地公安或无线政务专网数字集群系统，配备移动台、固定台。

（2）指挥和调度系统

系统辅助应急指挥人员有效部署可调度应急队伍、应急物资、应急装备等资源，实时或及时将突发事件发生发展情况和应急处置状况传递给相关人员，实现协调指挥、有序调度和有效监督，提高应急效率。

1）预案启动/终止

预案启动功能模块根据突发事件的种类，自动关联相应预案。根据突发事故造成的人员伤亡及财产损失等情况，判断预案响应级别。预案关联的单位、部门、负责人、资源、设备等信息都相应启动。事件处置完毕后终止预案。

2）通信调度

系统提供在事件发生时通过电话/无线通信终端实现对人员、资源等的调度。

系统提供传真录入界面，操作人员可以通过输入传真内容，实现对指定人员信息的发送。指挥和调度系统配置硬件一般包括：辅助调度应用服务器、地理信息系统应用服务器、信息发布服务器等。

（3）紧急报警系统

（4）火灾自动报警系统与安全技术防范系统的联动设施

（5）火灾自动报警系统与建筑设备管理系统的联动设施

（6）紧急广播与信息发布与疏散导引系统的联动设施

（7）基于建筑信息模型（BIM）的分析决策支持系统

（8）视频会议系统

（9）信息发布系统

（10）预案知识库系统

预案系统提供总体预案、专项预案、部门预案、地方预案、企事业单位预案五个层次的预案模版，同时提供向导式的预案制定工具。结合处理事件的响应、过程和结果，智能的建议预案的修改。预案知识库系统配置硬件一般包括数据库 PC 服务器等。

6. 应急响应中心配置

应急响应中心宜配置总控室、决策会议室、操作室、维护室和设备间等工作用房。如图 2-44 所示，为某应急响应指挥中心实景。

图 2-44　某应急响应指挥中心实景

应急响应中心为各类会议和语言交流提供音响设备，为各种多媒体资料提供直观显示和音响，实现会场的集中控制和信息的互通共享。建立视频显示系统、数字发言系统、信号处理系统、扩声系统、集中控制系统、监控与图像传输，政府紧急状态指挥室要建立远程指挥终端。各专业应急指挥中心在本系统的基础上增加应急联动远程指挥终端。

7. 应急响应系统的安装

应急响应系统各设施的安装，应在应急响应中心的环境条件达到设备安装标准后才能进行，其安装方法参见各相应系统。

8. 应急响应系统的调试

应急响应系统的调试包括：应急响应中心环境的调试、应急响应设施的调试、应急指挥联合调试。

应急响应系统联合调试应在火灾自动报警系统、安全技术防范系统、智能化集成系统和其他相关联智能化系统调试完成后才能进行。

应急响应系统与上一级应急响应系统信息互联的调试应与上一级应急响应中心配合联调。

9. 应急预案制定

预案的制定不能盲目，必须具有科学性、针对性，能切实地减少事故损失。预案既然应用于应急状态，那么运行时有条不紊、紧张而有序就显得尤为重要。成立相应组织机构，分派各个急救小组，对相应人员分工明确、责任到人。根据所产生的事故后果，需要针对性的专业急救措施，避免救护不当造成不必要的伤害。应急处置程序人员、措施都到位后，救援预案怎么运行就成为关键。当发生事故后，我们首先做什么，其次做什么，制定时要考虑好程序连接的严密性和可操作性。最后就是应急预案后勤保障，包括应急救援电话、组织机构人员联系方式、预案所需全部物品、车辆、附近医院联系电话、事故现场去往医院路线图以及事故逐级上报有关部门的程序和联系方式。

10. 应急预案的演练

应急预案制定并经有关部门审批后，接下来的重点就是演练了。演练的目的是为了充分发挥预案的实效性，检验和评价应急预案是否科学，是保持应急能力的一个重要手段。其重要作用突出地体现在：可在事件或事故真正发生前暴露预案和程序的缺陷；发现应急资源的不足（包括人力和设备等）；改善各应急部门、机构、人员之间的协调；增强现场人员应对突发重大事件或事故救援的信心和应急意识；提高应急人员的熟练程度和技术水平；进一步明确各自的岗位与职责；提高各应急小组之间的协调性；提高整体应急反应能力。演练主要分为以下几步：

（1）编制演练计划方案

首先根据预案以及现场情况编制实际演练方案，方案中对地点、时间、人员职责、演练物资、准备工作、具体步骤以及演练要求都做出具体细化说明。

（2）演练前培训及动员

演练前必须组织相关人员参加培训和动员会议，培训包括发生事故原因和程度、各救援组职责、医疗救护组救护措施、医院路线图说明以及演练注意事项。同时会上应重点讲解演练的意义，以动员参加人员的积极性。

（3）演练后总结

有条件可以通过摄像和拍照记录演练的全过程，演练完后，大家集中总结各环节存在的问题以及预案中暴露的缺陷。进一步完善预案中各项工作。

11. 应急预案联动与处理

应急预案就是应对突发公共事件的行动指南。预案告诉我们如何去应对突发公共事件，也就是在事前、事发、事中、事后的各个过程，谁来做、怎么做、如何做、何时做、做到什么程度，以及用什么资源做。

预案处理流程如图 2-45 所示。

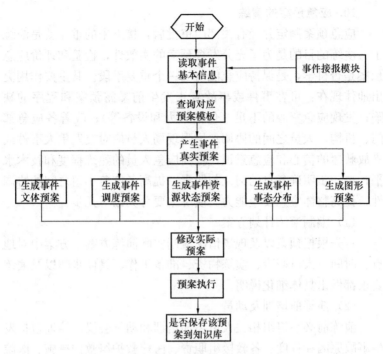

图 2-45　预案处理流程图

三、建筑设备管理系统

建筑设备管理系统（Building Management System，BMS）是对建筑设备监控系统和公共安全系统等实施综合管理的系统。建筑设备管理系统主要包括建筑设备监控系统和建筑能效监管系统。

（一）建筑设备监控系统

1. 系统概述

建筑设备监控系统（Building Automation System，BAS）将建筑设备采用传感器、执行器、控制器、人机界面、数据库、通信网络、管线和辅助设施等连接起来，并配有软件进行监视和控制的综合系统。系统监控范围主要包括建筑物内冷热源、供暖通风和空气调节、给水排水、供配电、照明、电梯等，还可包括以自成控制体系方式纳入管理的专项设备监控系统。

2. 系统功能

系统监控的范围应根据项目建设目标确定，系统监控功能主要有：

（1）监测功能

1）监测设备在启停、运行及维修处理过程中的参数。

2）监测反映相关环境状况的参数。

3）监测用于设备和装置主要性能计算和经济分析所需要的参数。

4）应能记录，且记录数据应包括参数和时间标签两部分，保存时间不少于1年。

（2）安全保护功能

根据监测数据执行保护动作，并能根据需要发出报警。

（3）远程控制功能

1）应能根据操作人员通过人机界面发出的指令改变被监控设备的状态。

2）被监控设备的电气控制箱（柜）应设置手动/自动转换开关，且监控系统应能监测手动/自动转换开关的状态。本地控制时，开关处于"手动位"，执行远程控制功能时，转换开关应处于"自动"状态。

3）系统应设置手动/自动模式转换，当执行远程控制功能时，监控系统应处于"自动"模式。

（4）自动启停功能

1）根据控制算法实现相关设备的顺序启停控制。

2）能按时间表自动控制相关设备的启停。

3）能按设定的条件自动控制相关设备的启停。

4）设置手动/自动的模式转换，执行自动启停功能时，监控系统应处于"自动"模式。

（5）自动调节功能

1）在选定的运行工况下，应能根据控制算法实时调整被监控设备状态，使被监控参数达到设定值要求。

2）设置手动/自动转换模式，执行自动调节功能时，监控系统处于"自动"模式；应能设定或修改运行工况；应能设定或修改监控参数的设定值。

合理建设、科学运行建筑设备监控系统，充分发挥上述功能的作用，能够在优化设备运行、延长设备使用寿命、保障环境舒适度、节约耗能、降低管理成本等方面发挥重要作用。

3. 常见监控设备

建筑设备监控系统监控的范围应根据项目建设目标确定，通常对供暖通风和空气调节、给水排水、供配电、照明、电梯和自动化扶梯等设备进行监测和控制。

（1）供暖通风与空气调节设备

供暖、通风与空调设备（简称暖通空调设备）是现代建筑中机电设备的重要组成部分，也是 BAS 主要的监控对象。自动监控暖通空调设备，对维护环境指标和工作条件起着直接保障作用，对优化设备运行、降低能耗，实现建筑节能目标和推动绿色建筑发展有着巨大意义。

暖通空调系统一般由冷热源、冷热媒体输送管道、空气处理设备、室内末端装置、通风管道等组成。根据冷热媒体对冷热量传递和交换的方式不同，衍生出不同的设备类型，常见有变水量系统（VWV）、变风量空调系统（VAV）、变冷媒流量多联系统（VRV）和新风全热交换器（KRV）等。

1）送/排风机

送/排风机一般由风机（风柜）、通风管、风阀、电控箱组成，结构简单的没有风管而直接安装现场隔墙上的排风机，如图3-1所示。

图 3-1　排风机

把室内余热、余湿及各种有害物质排到室外的通风机叫排风机。排风机通常在地下层、人员密集场所、密闭室空间等场所使用。

把室外新鲜空气输送到室内的通风机叫送风机。送风机一般配合排风机使用。

① 送/排风机监测范围

风机启、停状态；手/自动状态；故障状态；可燃或危险物泄漏等事故状态；空气过滤器进出口的静压差。

② 送/排风机控制

系统处于"自动"状态时，能按照使用时间、温度、废气浓度等因素自动控制风机启、停。

2）新风机组

新风系统是对封闭室内输送新鲜空气，同时在输送过程中对空气进行过滤、消毒、灭菌、增氧、预冷/预热和加湿/除湿处理，保持室内空气洁净度达到要求水平。

新风机组由风柜、风机、空气净化器、空气制冷/制热、加湿器、温湿度传感器、新风阀、风管及其控制器等装置组成，如图 3-2 所示。

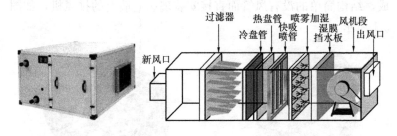

图 3-2　新风机组

建筑设备监控系统对新风机组监控功能主要有：

① 监测范围：室外空气温度；机组送风温度；空气冷却器、空气加热器出口的冷、热水温度；空气过滤器进、出口静压差；风机、水阀、风阀等设备的启停状态和运行参数。冬季有冻结可能性的地区，应监测防冻开关状态。

② 操作功能：设定和修改设备启停指令的功能；设定和修改机组送风温度设定值的功能；可具有修改风机、水阀、风阀等设备运行参数的功能。

③ 自动控制功能：能按照使用时间风机定时启、停；风机

停止运行时，新风阀应连锁关闭；供冷工况下，当风机停止运行时，水阀应连锁关闭；机组送风温度设定值应根据供冷、供热工况而自动调整；水阀可根据机组送风温度调节开度。

3）空调机组

空调机组也叫空气调节处理机，由风柜、风机、空气净化器、空气制冷/制热加湿器、温湿度传感器、新风阀、回风阀、风管及其控制器等装置组成。

空调机组和新风机组处理空气的原理相同，唯一的区别是空调机组有回风管和回风阀。空调机组通过回风管对室内空气不断循环制冷（或制热）保持室内舒适的温度，通过调节新风阀和回风阀保持室内新鲜空气，如图3-3所示。大型空调机组设有回风助力风机（亦称回风机）和排风阀。常用于空间大和人员密集场所。

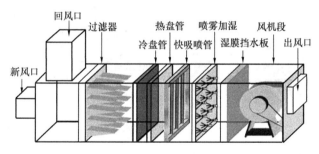

图 3-3　空调机组

建筑设备监控系统对空调机组监控功能主要有：

① 监测范围：室内、室外空气温度；空调机组送风温度；空气冷却器、空气加热器出口的冷、热水温度；空气过滤器进出口的压差开关状态；风机、水阀、风阀等设备的启停状态和运行参数；冬季有冻结可能性的地区，应监测防冻开关状态。

② 操作功能：设定和修改设备启停状态的功能；设定和修改室内空气温度的功能；可修改风机、水阀、风阀等设备运行参数的功能。

③ 自动控制功能：风阀和水阀开关应与风机启停连锁；能按照使用时间进行风机定时启停；送风温度设定值根据供冷和供热工况而改变；水阀可根据机组送风温度调节开度；风阀可根据季节变化调节开度。

4）中央空调水系统

中央空调水系统包括冷冻水/热水系统，由冷热源、循环水泵、阀门、分水器、集水器、过滤器、集气罐、水管、补水装置和末端设备（空调机组、新风机组、风机盘管等）组成，循环水系统是中央空调系统中重要的一部分，如图3-4所示。

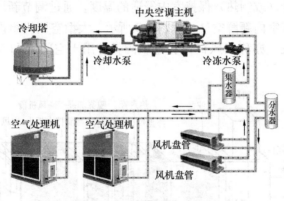

图 3-4　中央空调水系统

建筑设备监控系统对中央空调冷热源和水系统设备监控功能主要有：

① 监测范围：冷水机组/热泵蒸发器进、出口温度和压力；冷水机组/热泵冷凝器进、出口温度和压力；常压锅炉进、出口温度；热交换器一/二次侧进、出口温度和压力；分/集水器的温度和压力（或压差）；水泵进、出口压力；水过滤器前后压差；冷水机组/热泵、水泵、锅炉、冷却塔风机、水阀等设备的运行状态；各设备故障报警状态；冷水机组/热泵的蒸发器和冷凝器侧水流开关状态；水箱高、低液位及开关状态。

② 安全保护功能：冷水机组/热泵和锅炉故障报警和断水流

停机保护；防止冷却水温低于冷水机组允许温度下限；水泵、冷却塔风机故障报警和过电流断电保护；膨胀水箱高、低液位报警和连锁排水或补水；监测参数超限报警或提示；防冻保护。

③ 操作功能：供冷、供热工况切换功能；修改设备启停状态的功能；修改设备运行参数设定值的功能。

④ 自动控制功能：应根据供冷、供热工况对相关设备自动启停和管路阀门通断的控制；冷水机组/热泵及相关水泵、阀门、冷却塔风机等设备的顺序启停和连锁控制；按照累计运行时间进行设备轮换使用；按照使用时间规律进行设备定时启停；空调水系统总供/回水管之间设置旁通调节阀时，能根据冷水机组允许的最低冷水流量调节开度；冷却塔供/回水总管之间设置旁通调节阀时，能根据冷水机组允许的最低冷却水温度调节开度；自动控制水泵运行台数和频率。

（2）给水排水系统

给水系统是市政供水到建筑物，再通过系统设施供应生活、生产用水，包括消防用水、道路绿化用水等。排水系统是排除人类生活污水和生产过程中各种废水、多余地面水的设施。给水排水系统设备设施包括水池（箱）、水塔、管道以及水泵等。

1）对给水设备的监控

① 监测范围：水泵状态；供水管道压力；水箱（水塔）高、低液位状态；水过滤器进、出口静压差。

② 安全保护功能：水泵故障报警和过电流断电保护；水箱液位超高和超低报警并连锁相关设备动作（如溢水阀打开，补水泵启动或关闭）；水过滤器压差超限堵塞报警；相关监测参数超限报警或提示。

③ 操作功能：设定和修改水泵启停状态；设定和修改供水压力。

④ 自动控制功能：按照使用时间自动控制水泵定时启停；根据水泵故障报警自动启动备用泵；根据供水压力自动控制水泵的台数和频率；根据累计运行时间进行水泵启停轮换；采用多路

给水泵供水时，能依据相对应的液位设定值控制各供水管的电动阀（或电磁阀）开关，对供水管电动阀（或电磁阀）与给水泵间联锁控制。

2）对排水系统的监控

① 监测范围：水泵状态；污水池（坑）高液位状态。

② 安全保护功能：水泵故障报警和过电流断电保护；污水池（坑）液位超高或超低报警并连锁污水泵启动或停止。

③ 操作功能：设定和修改水泵启停状态。

④ 自动控制功能：根据水泵故障报警自动启动备用泵；根据累计运行时间进行水泵启停的轮换。

（3）供配电系统

供配电系统是由多种配电设备（或元件）和配电设施所组成的变换电压和直接由电力系统向终端用户分配电能的一个电力网络系统。建筑物供配电系统主要包括高压配电柜、低压配电柜、干式变压器和应急电源装置等。

建筑设备监控系统为保障可靠、安全向终端用户供电，需要对供配电系统设备实施监控。

1）高压配电柜监控

① 监测参数：高压进出线及母联开关的工作状态；进线回路的三相电流、有功功率；重要出线回路的三相电流、有功功率。

② 故障报警：高压进、出线及母联开关故障报警。

③ 记录：监测和报警信息记录备查。

2）低压配电柜监控

① 监测参数：低压进出线及母联开关的工作状态；进线回路的三相电流、有功功率；出线回路的三相电流、有功功率；电容补偿装置的工作状态。

② 故障报警：低压进线及母联开关故障报警，可设置进线失电故障自动应急处理功能。

③ 记录：低压进线回路和用电分项计量出线回路的三项电

流、有功功率纳入记录和备查。

3）干式变压器监控

① 监测：变压器及其保护外壳的运行状态。

② 报警：变压器超温报警和保护外壳风机故障报警。

③ 记录：运行状态和报警信息纳入记录和备查。

4）应急电源装置监控

① 监测：自备柴油发电机组工作状态、油箱油量和不间断电源的开关状态；不间断电源电池组参数。

② 报警：油箱油量报警。

③ 记录：记录油箱油量。

（4）照明设备

建筑设备监控系统监控照明设备主要是指室内公共照明楼层和区域照明回路开关，室外庭院照明、景观照明、立面照明等不同照明回路开关。

监控系统应对建筑照明设备进行监测和控制。

1）监测范围：室内公共照明不同楼层和区域的照明回路开关和就地/远程开关状态；室外庭院照明、景观照明、立面照明等不同照明回路开关和就地/远程开关状态；室内外的区域照度。

2）联动：重要区域所需安防、消防、逃生指示与照明联动控制。

3）操作：设定和修改回路开关状态；可设定场景模式。

4）自动控制：按照预先设定时间表控制照明回路开关；选择场景模式控制照明回路开关；根据区域照度要求控制照明回路开关；根据选择场景模式调节相应灯具调光器。

5）节能：根据应用场所特点、综合时间表、应用场景和区域照度信息控制相应照明回路开关；根据应用场所特点，综合人员占位信息控制相应照明回路开关；根据应用场所特点，综合时间表、应用场景和区域照度信息调节相应灯具调光器。

（5）电梯及扶梯

现代建筑常用电梯作为垂直运输设备。自动扶梯也称自动人行道为连续运行的运输设备。建筑设备监控系统包括对电梯和人行扶梯的监控。

1）监测：监测电梯和自动扶梯运行状态（包括上、下行）、故障状态和电源状态；监测电梯层门开门状态和楼层信息。

2）报警：电梯与自动扶梯故障报警。

4. 建筑设备监控系统架构

建筑设备监控系统（BAS）通常采用典型的集散型控制系统，其组成原理如图 3-5 所示。系统由前端设备（包括传感器、执行器）、现场控制器、中央集中控制系统以及通信传输网络组成。建筑设备不但由分散在设备现场的现场控制器自动监测和控制，还可由中央管理系统集中监测和控制。

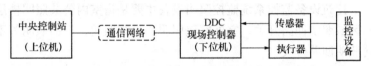

图 3-5　集散型控制系统基本组成

（1）传感器

传感器（亦称变送器）是感受被测量物理量并按照一定规律转换成可用输出信号的器件和装置，通常由敏感元件和转换元件两部分组成。

建筑设备监控系统中使用的传感器探测设备运行有关的环境参量、设备状态、设备运行的相关参数并转换成规定格式的电参量（开关量、模拟量）输出至现场控制器（DDC）。按照探测对象不同，常用的传感器有：温度传感器、湿度传感器、压力传感器、流量传感器、液位传感器、照度传感器等。

（2）执行器

建筑设备监控系统对受监受控设备的控制是通过执行器来实施的。执行器接受现场控制器发出信号，通过控制风阀、水阀等的开度和电源开关，控制温度、湿度、流量、液位等。

执行器控制方式有调节型控制和开关型控制，其中调节型控制执行器的信号是标准的连续性电信号；开关型控制执行器信号是开关量信号，可以是一个开关触点，也可以是有一个电压值的信号。

执行器按其驱动能源形式不同，可分为气动、电动和液动三大类，它们各有特点，适用于不同场合，最常见的是电动执行器。

（3）现场控制器

1）基本原理

建筑设备监控系统的现场控制器，也称直接数字控制器（Direct Digital Controller，DDC），内置单片计算机，利用微处理器执行各种逻辑控制功能，配以电源、辅助输入输出设备（如各种继电器、接触器等）等构成现场控制站。现场控制器组成原理如图 3-6 所示。

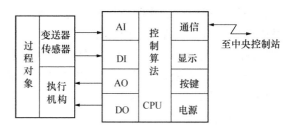

图 3-6　现场控制器的组成原理

现场控制站作为系统控制级，主要完成现场各种机电设备运行过程信号的采集、处理及控制。

2）输入输出接口

① 开关量（亦称数字量）输入接口（DI）

用来输入各种限位（限值）开关、继电器或阀门连动触点开、关状态。

② 开关量（或称为数字量）输出接口（DO）

用于控制电磁阀门、继电器、指示灯、声光报警器等仅具有开、关两种状态的设备，常见以干接点形式进行输出。

③ 模拟量输入接口（AI）

控制过程中各种连续性物理量，如温度、压力、压差、应力、位移等，由现场传感器或变送器转变为相应电信号送入现场控制器的模拟量输入通道。

模拟量电信号输入一般均采用 4～20mA 或 0～20mA 标准电流信号。在一些信号传送距离短、损耗小的场合，也可采用 0～5V 或 0～10V 标准电压信号。

④ 模拟量输出接口（AO）

模拟量输出接口的输出一般为 4～20mA 标准直流电流信号或 0～10V 标准电压信号。模拟量输出接口用来控制直行程或角行程电动执行机构的行程，或通过调速装置（如交流变频调速器）控制各种电机的转速。

3）控制层软件

现场控制站须配置控制层软件服务于现场控制。控制层软件通常包括基础软件、自检软件和应用软件三部分。

① 基础软件，即通用软件，以固定程序固化在模块中，由 DDC 生产厂家直接写在微处理芯片上，不由其他人员修改。

② 自检软件，保证 DDC 控制器正常运行，检测其运行故障，同时便于管理人员维修。

③ 应用软件，针对各受监受控设备控制内容而编写，可根据需要进行一定程度的修改，其功能一般包括：对各种现场检测仪表（如各种传感器、变送器等）送来的过程信号进行实时数据采集、滤波、校正、补偿处理，完成上、下限报警，累积量计算等运算与判别等。重要的测量值和报警值经通信网络传送到工作站数据库，供实时显示、优化计算、报警打印等。

建筑设备监控系统的显示与操作功能通常集中于中央监控站，现场控制器一般不设置显示器和操作键盘。有的系统备有袖珍型现场操作器（手持终端），在开、停工或检修时可直接连接现场控制器进行操作。某些现场控制器在前面板上有小型按钮与数字显示器智能模块，可进行一些诸如参数调整、状态查看等简单操作。

（4）中央控制站

中央工作站一般由计算机工作站、网络接口、显示器、打印机等设备与中央监控系统软件组成，是建筑设备监控系统的集中监控和管理中心，以通信网络连接整个建筑或建筑群中的现场控制器，对所有受监受控设备进行控制与管理。大型系统还专门配置存储设备，通过设备长期运行的大量数据的分析，形成设备运行与控制的优化方案和决策。

（5）通信网络

建筑设备监控系统中央控制站与 DDC 之间常用以太局域网实现通信。在设备设施集中现场控制器数量较多的区域，常运用通信总线（LON、RS485 等总线）连接若干 DDC，配置通信控制器接入局域网。

（6）监控应用举例

为具体理解建筑设备监控系统与受监受控设备工作原理，以新风机组监控过程为例说明，如图 3-7 所示。

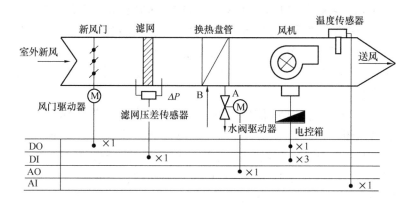

图 3-7　新风机组监控原理

由原理图可见，新风机组的新风门驱动器受控启/闭（通常为开关量），可控制室外新风进入，新风经滤网过滤，滤网压差传感器测得内外压差，压差超过设定值，说明滤网积尘严重，发出报警，提示清洗或更换滤网。通过滤网的新风经换热盘管进行热交换，控制水阀开度改变热交换量，从而调节新风温度。工程中一般根据送风温度与设定温度的差值进行 PID 控制。图中为两管制系统，冬季供热水，夏季供冷水。风机是新风系统的动力装置，对风机的监控包括启/停控制及状态监视、手/自动控制状态监视和风机故障报警，通过电控箱实施监控。出风口配置温度传感器，用以监视机组出风口的送风温度。

根据以上监控方案，BAS 现场控制器 DDC 获取 4 个开关量输入（DI）信号、1 个模拟量输入（AI）信号、两个开关量输出（DO）信号、1 个模拟量输出（AO）信号。风机、风门的开启和水阀开度均为 BAS 系统根据采集的信息与设定指标比较计算而形成的自动控制决策。

那么，DDC 是如何实现监测和监控的呢？以上述新风机组中的风机电控箱为例，可以说明具体监控实现过程，如图 3-8 所示。当电控箱转换开关 SA 处于"自动"位时，二次回路接通 X1：7，接触器 KM 接受 BA 系统 DDC 继电器节点状态的控制，而手动控制因控制按钮 SS 断电而终止。同时转换开关 19、20 节点接通（17、18 节点断开），成为输入 DDC 的手/自动状态信号（DI）点由"0"变"1"，BAS 系统就获悉机组处于"自动"控制状态。

当 DDC 通过 DO 信息点发出"启动"指令，控制输出指令继电器闭合，使信号线 X 的 7、8 位接通，控制继电器 KM 工作，其主节点接通电机 M 主电路，机组运行。与此同时，电控箱"运行"信号灯 HG 燃亮；KM 吸合使线位 X 的 9、10 节点闭合（11、12 节点断开），输入 DDC 的 DI 点由"0"变"1"，BAS 系统就监测到机组处于"运行"状态。

当 DDC 通过 DO 信息发出"停止"指令，使 X 的 7、8 点断开，控制继电器 KM 停止工作，电机回路主节点断开，机组停止运行，控制箱"运行"信号灯 HG 熄灭；X 的 9、10 节点断开

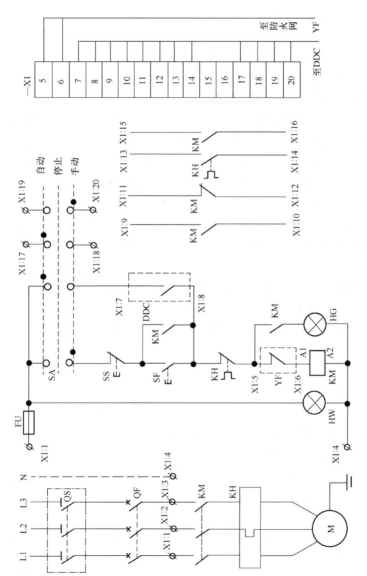

图 3-8 新风机组电控箱控制原理

229

（11、12 节点接通），输入 DDC 的 DI 点由"1"变"0"，BA 系统获悉机组处于"停止"状态。

机组故障报警：在运行状态下机组的风机 M 发生故障，主回路电流增大，串接于主回路的热继电器 KH 自动断开，电机断电。同时，KH 常闭节点断开，控制继电器 KM 停止工作，KM 主节点断开，主回路断电，同时 KH 的返回节点闭合，线位 X 的 13、14 闭合，DDC 的故障 D1 点由"0"变"1"，DDC 接收到故障信息，则 BAS 系统发出故障报警信息。

此外，机组控制电路中拥有火灾报警系统的控制触点 YF，在新风机组运行状态下发生火灾报警时，由防火网 YF 发出报警信息，产生停机指令，"1"变"0"，控制防火网继电器断开，则控制箱线位 X 的 5、6 断开，直接切断控制继电器 KM 电路，致机组停止运行。与此同时 BAS 系统的 DDC 也获得了"停机"信息。

由此可见：一个电机控制箱中为 BAS 系统现场控制器 DDC 产生了 3 个 DI 点（手/自动、运行状态、故障）和一个 DO 点（启/停指令），有效地实现了对风机自动控制的目的。

5. 设备安装与测试

（1）安装准备

建筑设备监控系统安装前应认真计划，并应与相关专业工程进行协调，特别是前端设备的安装与调试，系统调试均需要与相关专业工程协同进行，且做好充分准备。

1）施工文件准备

① 备齐与本系统工程作业有关的施工图纸。弄清施工作业内容、要求和质量标准。

② 认真阅读产品技术文件。着重弄清前端探测传感器、执行器规格、型号、输出输入性能、检验方法及其安装方式；阅读 DDC 控制箱接线图。

③ 认真学习施工方案。掌握作业计划和作业内容，着重明确各施工环节与安全、质量有关的注意事项。

④ 阅读安装记录表，明确需要填写内容和要求。

2）备齐施工材料

按照施工计划和施工文件，提前填报领料单，适时领取设备、器件、线缆及相关的辅助材料。

3）工具仪表准备

根据作业内容，适时备齐设备安装、测试所需要的工具和仪表，并提前检查工具和测试仪表的完好程度，掌握仪表使用方法，熟悉测试程序。

4）施工条件检查

适时踏勘施工作业现场，了解施工环境是否符合作业条件，特别应检查施工作业的安全性条件、设备安装调试的基础性条件。

（2）设备安装与测试

1）传感器安装与测试

① 温、湿度传感器的安装与测试

温度传感器用于测量气体、液体或其他物体温度，并输出符合 DDC 要求的可用电信号。

因感温元件感温原理不同，温度传感元件种类很多，诸如热电阻、晶体管、PN 结、热电偶、光纤、双金属片等。感温元件与测量变送电路及相应附加装置组成温度传感器，并制成不同形式安装于室内、室外、风管、水管、烟道表面等场所。如图 3-9

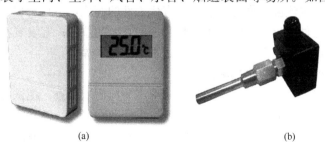

(a)   (b)

图 3-9　温度传感器

（a）室内温度传感器；（b）水管温度传感器

所示为两种温度传感器。

湿度传感器能够感受空气中水蒸气含量（即湿度）并转换成可用输出信号。传感器的湿敏元件有电阻式和电容式两种。常有将温度、湿度传感元件合装于同一器件，成为既测温度又测湿度的一体化传感器，称为温湿度传感器。

安装方式有室内、室外、风道等形式。如图 3-10 所示为一种风管式温湿度传感器。

图 3-10　风管温湿度传感器

温湿度传感器安装：

温、湿度传感器安装位置应尽可能远离窗、门和出风口的位置；并列安装的传感器，距地高度应一致，高度差不应大于 1mm，同一区域内高度差不大于 5mm；应安装在便于调试、维修的部位；温、湿度传感器至现场控制器之间连接应符合设计要求，尽量减少因接线引起的测量误差，镍温度传感器的接线电阻应小于 3Ω，1kΩ 铂温度传感器的接线总电阻应小于 1Ω。

风管型温、湿度传感器应安装在风速平稳，能反映管内具有代表性风温/湿度的位置；应在风管保温层完成之后安装。

水管温度传感器宜在暖通水管路安装完毕后进行；开孔与焊接必须在工艺管道防腐、衬里、吹扫和压力试验前进行；安装位置应在水流温度变化灵敏和具有代表性的部位，不宜安装在阀门等阻力件附近、水流流束死角和振动较大的位置；宜安装在管道侧面或底部；不宜在焊缝及其边缘上开孔和焊接。

温、湿度传感器测试：

温、湿度传感器安装和正确接线后应测试检查。测试方法因传感器不同而区别。

电阻式温度传感器根据型号实测电阻值判断是否正常。如 Pt1000 温度传感器在 25℃ 时标称值是 1000Ω，用万用表实测其电阻值 1000Ω±10％ 即为正常。

电量式温、湿度传感器应按规定的额定电压通电测试。事先利用传感器温、湿度量程和信号范围根据现场温度推算出信号电压值，而后使用万用表测量信号值，如一致或接近，属于正常。例如电量式温度传感器量程 $0\sim50℃$、信号输出 $0\sim10V$，用精度较高的温度计测得温度为 $23℃$，则推算传感器输出信号应当为 $23\times10/50=4.6V$；以万用表测得 $4.6V$ 左右即属正常。例如湿度传感器额定电压直流 $24V$、检测范围 $10\%\sim95\%$、信号输出 $0\sim10V$，以精度较高的湿度计测得湿度为 56%，推算传感器信号值为 $56\%\times（10/85\%）=6.59V$，万用表测量传感器信号线，得 $6.59V$ 左右即为正常。

协议式温、湿度传感器测试需要使用电脑和专用测试软件。将信号线连接电脑串口，打开测试软件，设置好协议式温、湿度传感器的地址、波特率、校验码等参数，根据协议输入编号码即可获得对应的数值。该数值可以直接采用，有些需要计算后才能采用。

② 防冻开关安装与测试

防冻开关也是温度传感器的一种，它由细长毛细管和触发装置组成，如图 3-11 所示。敏感元件的任何一段部位只要处于温度最低点，控制器内部接点就会断开，实现低温报警功能。

图 3-11　防冻开关

防冻开关的探测导线应安装在热交换盘管出风侧，并尽可能贴近盘管的位置。

防冻开关安装方法：

安装时，将新风机组或空调机组风柜的盘管检修口拆开，拆除电动风阀叶片。在表冷器插入固定卡扣，注意不要损伤散热片。

防冻开关包装时毛细管是盘卷的，空心毛细管不可转折，故应缓慢反转式拉直，防止因堵塞影响防冻开关性能；在风柜对应盘管的位置钻直径比毛细管大2～3倍的小孔，防冻开关毛细管从小孔慢慢穿入过滤网后安装在表冷器之间，靠卡扣使感温毛细管与表冷器接触，盘绕于需要低温保护的盘管表面，如图3-12所示，加海绵包裹后完全插入、固定。

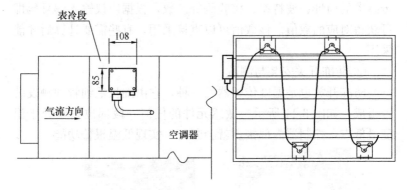

图 3-12　防冻开关安装

防冻开关测试：

防冻开关测试应按要求接入常开端子，用万用表欧姆最低档，调整防冻开关预设温度值。当温度达到预设值，开关动作，万用表指向接近0Ω。如接入防冻开关的常闭端子，万用表应变为无穷大。

③ 气体传感器安装及测试

常用气体传感器有一氧化碳传感器、二氧化碳传感器、

PM2.5空气质量传感器等，特殊场所还有可检测可燃性气体SO_2、H_2、CH_4等的气体传感器。

气体传感器安装：

气体传感器应安装在需测气体容易积聚、能反映被测区域被测气体浓度的部位。

二氧化碳传感器选择安装在房间空调的回风处附近，高度宜安装在1.2～1.5m，阶梯式房间或影院宜安装在低处。

一氧化碳传感器一般用于检测室内停车库的空气质量。地下层一般都设有机械通风系统，一氧化碳传感器宜选择安装在末端排风管附近。停车库内安装的气体传感器要做好防护或人员触及不到的地方。

安装方式主要采用墙面明装方式，安装高度宜1m左右。安装时应考虑气体传感器采样导风口方向。

气体传感器测试：

气体传感器完成安装并正确接线后应测试。测试前须确认传感器的额定电压、气体浓度量程和信号范围值，根据现场实际推算出信号的电压值。使用万用表测量信号值即可判断，如果数值一致或接近就属于正常。例如二氧化碳传感器检测范围0～500ppm、信号输出0～10V，用一个气体计测得浓度为50ppm，推算传感器信号值应为$50 \times (10/500) = 1.0V$。用万用表测量到1.0V左右即为正常。

协议式气体传感器测试需使用电脑和专用测试软件，将信号线连接电脑串口，打开测试软件，设置协议式气体传感器的地址、波特率、校验码等参数，根据协议输入编号码即可获得对应的数值，该数值可直接采用，有些需要计算后才能采用。

④ 压力传感器安装及测试

感受压强并转换成可用输出信号的传感器叫压力传感器。压力传感器主要分水压力和气压力两类。根据被测压力的性质，压力传感器具有静态压力传感器和动态压力传感器之分。传感器的压力敏感元件有波纹管、弹簧管等。通常波纹管压力传感器用于测量风管静压，弹簧管压力传感器常用于测量水压与气压，如图 3-13 所示。

图 3-13　压力传感器

管道水压力传感器（含水压力开关）的安装：

应选择处于流速平稳、无涡流的区域；当管道内有水管突起时，应选在流向突起管的前面；若取压口在阀门前面时，应大于管道直径 2 倍的距离安装，若在阀门后面，安装距离应不小于 3 倍直径。

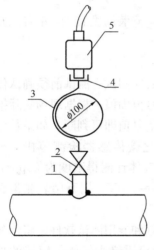

图 3-14　压力传感器安装
1—引管；2—开关；3—传弯管；
4—接口；5—压力传感器

安装时应检查传感器及其配件是否符合系统压力要求。正确安装方式如图 3-14 所示。

安装时，必须做好密封连接，防止泄漏影响系统正常工作。操作时，在引压管上旋转压力传感器应采用双扳手均匀用力，不可采用单扳手方式上紧。

风管压力传感器（含风压力开关）的安装：

选择气流流速平稳的风管；导压管口应迎向风流；与风管垂直时，管口与器壁应平整；引管内径为 6～10mm，长度尽可能短；气压传感器位置宜高于检测口；若气流风向由大变小，引压口设在大风管处。若小风管变大风管时，应选择平缓的风管上安装。

安装时，应检查传感器及其配件是否符合系统压力要求；气压力传感器可壁装或吊装，不宜依附在设备上安装，正确安装如图 3-15 所示。引压管应尽量拉直，不要弯折；采用引压软管时应留有适量长度，防止取压口硬管与软气管出现折扣，应做好引导管固定。

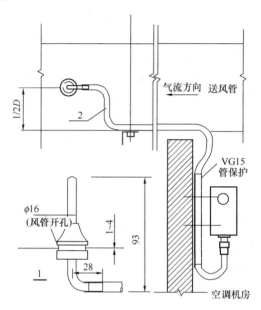

图 3-15　空气压力传感器安装
1—取样口；2—导气管

压力传感器的测试：

压力传感器完成安装和正确接线后，应按规定额定电压通电测试。测试前利用压力传感器量程和信号范围由现场压力推算出信号电压值，使用万用表测量信号值即可判断是否正常。例如：压力传感器检测范围 0～15MPa、信号输出 0～10V，用一个压力表测得压力为 5MPa，推算传感器信号值 $5 \times (10/15) = 3.33V$，用万用表测量到 3.33V 电压值左右即为正常。

协议式压力传感器测试需要使用电脑和专用测试软件，将信号线连接电脑串口，打开测试软件，设置好协议式压力传感器的地址、波特率、校验码等参数，根据协议输入编号码即可获得对应的数值，该数值有些可以直接采用，有些需要计算后才能采用。

⑤ 流量传感器安装及测试

流量传感器是能感受气体或液体体积流量和质量流量并转换成可用输出信号的传感器，也称流量计。弱电工程中主要用于测量冷冻水、热水及生活用水的流量。

流量传感器常见有压差式流量传感器、电磁式流量传感器、超声波式传感器、叶片式传感器、涡流式流量传感器、流量开关等，因型号规格不同，安装方式也不一样。

流量传感器组成方式有管段式、插入式和外夹式等，如图3-16 所示。

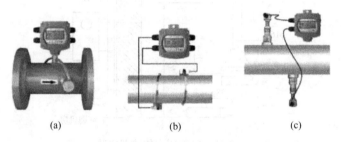

(a)　　　　　　　　　(b)　　　　　　　　　(c)

图 3-16　各类型流量计
(a) 管段式；(b) 外夹式；(c) 插入式

管段式流量计将所有传感器、信号放大器和整形处理器集成在一个器件或管件上，工厂已经调试好，到现场调试简单，测量准确，但检修不方便。安装时需要配合管网系统提供流量传感器的安装段，协调安装位置。

插入式安装方式，需要在管件开孔插入传感器即可，不影响管网施工进度，测量准确，检修方便。但对现场安装要求较高。

外夹式流量传感器常用电磁或超声波方式，安装方便简单，但测量精度较低，对调试要求较高，需要根据流体介质和管材材料进行反复校验才能获得较理想的精度。

流量传感器安装：

流量传感器需装在一定长度的直管上，以确保管道内流速平稳。流量传感器上游应留有 10 倍管径长度的直管，下游留有 5 倍管径长度直管。若传感器前后安装有阀门，管道缩径、弯管等影响流量平稳的设备，则直管段的长度还需相应增加，不宜选在阀门等阻力部件附近、水流流束呈死角处以及振动较大的地方安装。

电磁流量计应安装在避免有较强交直流磁场或有剧烈振动的场所，不宜顶部安装，应选择水管侧面水平±45°的位置，严禁底部安装。如图 3-17 所示为电磁式流量计正确安装位置。

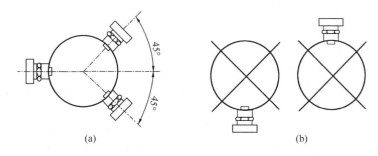

图 3-17　流量计安装位置

（a）正确位置；（b）错误位置

超声波流量计应安装在直管段管道的中部，避开顶部和底部，对于水平管道，换能器位置应在与水平直径成 45°夹角的范围内。

涡轮式流量传感器安装时应安装在测压点上游距测压点 $3.5D \sim 5.5D$ 的位置。

风速传感器应安装在便于调试、维修的风管直管段，如不能安装在直管段，则应避开风管内通风死角。

水流开关在水平管时应顶部安装，不宜侧装。

插入式和外夹式安装的流量传感器、流量开关均不能安装在焊接处及其边缘。

安装时，应检查流量传感器及其配件是否符合系统压力要求。各类型流量传感器安装时必须确定流体流动方向与传感器壳体所示标志一致。如果没有标志，可按下列方向判断流向：流体进口端导流器比较尖，中间有圆孔；流体出口端导流器不尖，中间没有圆孔。

整体式流量传感器安装在管道上时，其管道间距、法兰孔应完全吻合，不应出现过宽、过窄和法兰孔不对齐现象。

插入式安装的流量传感器在焊接配件时除精确部位焊接外，还要保护其他部位的完整，特别是配件与传感器接触面。

安装超声波流量计时应注意被测管道内壁不应有影响测量精度的结垢层和涂层。

流量传感器测试：

流量传感器安装和正确接线后应测试检查。按照规定接通电压，首先设置流体介质静态原始状态的参数值，利用流量传感器的测量范围和信号范围，根据现场流量推算传感器输出信号的电压（电流）值，用万用表测量信号值与推算值是否一致，一致或接近即属正常。例如流量传感器检测范围流速 0～6m/s，信号输出 0～10V。管道充满水处以静态，根据说明书设置和调整静态时输出为 0V，开启一台水泵，水流量经计算为 3m/s，推算输出信号值 5.0V，用万用表实测 5.0V 左右信号值，停止水泵运行将降至 0V，即表示安装正常。

协议式流量传感器测试需要使用电脑和专用测试软件，将信号线连接电脑串口，打开测试软件，设置好传感器的地址、波特率、校验码等参数，根据协议输入编号码即可获得对应的数值，该数值有些可以直接采用，有些需要计算后才能采用。

⑥ 照度传感器安装及测试

照度传感器主要用于室内外光亮度监控。如图 3-18 所示为一种壁挂式照度传感器。

图 3-18　壁装式照度传感器

照度传感器输出信号方式有电量式、协议式，照度传感器以开关形式输出的，称为照度开关，即光照度达到一定流明值时输出一个开关量信号（常开或常闭信号）。

照度传感器的安装：

室外照度传感器选择空旷可防风雨的地方，应避免阳光或反射光直射，可采用壁装或立杆安装。安装稳固并有防风雨措施，安装时光感应面向下倾斜 $30°\sim45°$。

室内照度传感器选取可代表房间亮度的部位，避免阳光和灯光直射，不被修饰物遮挡并配合房间整体布局，适宜顶装。

照度传感器的测试：

照度传感器安装并正确接线后应测试检查。测试前按规定电源电压通电。

电量式传感器测试方法：查看说明书规定，首先设置好光照度量程，设置最低光照度参数值，由测量量程和信号输出范围，根据现场光照度推算出信号电压（电流）值，用万用表测量信号值是否一致，如一致或接近，就属安装正常。例如检测范围为 $0\sim1000lx$、信号输出 $0\sim10V$ 的照度传感器测试时，先行全部遮挡照度传感器感光面，设置和调整使传感器输出为 0V。移除遮挡物或开启照明，通过照度计测得现场光亮度为 800lm，推算输出信号值 8.0V，用万用表测量到 8.0V 左右，即表示正常。

协议式照度传感器测试需要使用电脑和专用测试软件，将信号线连接电脑串口，打开测试软件，设置好传感器的地址、波特率、校验码等参数，根据协议输入编号码即可获得对应的数值，该数值有些可以直接采用，有些需要计算后才能采用。

照度开关测试。调节好额定光照度达到说明书规定的动作流明数，用万用表测量信号线电阻值即可。例如按说明书将照度开关设置为 900lx 时为常闭，调整环境照明，以照度计测得照度达到 900lx 或以上时，用万用表测量输出信号为 0Ω，当完全遮挡照度开关，万用表电阻值指向无穷大，即表示传感器状态正常。

2）执行器安装与调试

建筑设备监控系统对受监受控设备的控制是通过执行器来实施的。执行器接受现场控制器发出信号，通过控制风阀、水阀等的开度和电源开关等，来控制温度、湿度、流量、液位等。

执行器控制方式有调节型控制和开关型控制，其中调节型控制执行器的信号是标准的 0~10V 或 4~20mA 连续性的电信号；开关型控制执行器信号是开关量信号，可以是一个开关触点，也可以是有一个电压值的信号（如 DC24V）。

执行器按其驱动能源形式分为气动、电动和液动三大类，它们各有特点，适用于不同场合，最常见的是电动执行器。如图 3-19 所示为电动水阀和电动气阀。

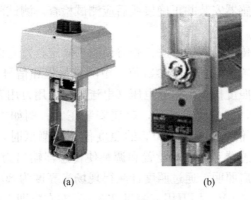

(a)   (b)

图 3-19　电动执行器
(a) 电动水阀；(b) 电动风阀

① 水阀电动执行器安装与测试

安装前应检查管道干净无焊渣。应检查电动执行器输入电压、输出信号和接线方式，符合产品说明书和设计要求，宜进行模拟动作检查。

水阀电动执行器安装：

阀体应对准管道安装，避免偏心扭曲。在振动较大的位置安装应采取避振措施。阀体上箭头指向应与水流方向一致。

电动阀应垂直安装在水平管道上，倾斜度偏差应不超过

±2°；阀门驱动器垂直安装时，顶部预留空间应大于 200mm，便于操作和维修；在蝶阀、二通调节阀上安装执行器应稳固，手动调节行程畅顺，方向准确；蝶阀、二通调节阀宜采用配套的执行器；电磁阀安装应保证线圈与阀体间绝缘电阻达到说明书规定的数值；安装于室外的阀门及执行器应有防晒、防雨措施。

水阀电动执行器测试：

水阀电动执行器安装完毕正确接线后应测试检查：开关式水阀电动执行器要调节好行程限位开关，手动关闭阀门，调节限位开关处于触发状态，并根据电动蝶阀的惯性适当提前触发，利用机械惯性刚好达到完全关闭。采用同样做法手动打开阀门调节限位开关。调节式水阀电动执行器也须首先调节好行程限位开关，方法与开关式电动驱动器相同。设置调节输入电量信号类型和阀门开启关闭方向（设置过程必须在无电压状态进行）。根据说明书规定设置好受控输入信号和反馈信号范围值后即可通电测试。

开关式水阀电动执行器由关闭到开启过程的测试：

在 DDC 控制箱输出一个触发信号，查看电动执行器是否运行平稳并无异常杂音，到达开启点能自动停止，检查水阀是否完全开启。如果不能达到要求，适当调整行程开关。同时用万用表测量反馈信号线由开启信号转为闭合的信号。

关闭 DDC 控箱触发信号，查看电动执行器是否平稳返回，到达原状态应自动停止，检查水阀应完全关闭，并用万用表测量反馈信号线应由开启信号转为闭合信号。

调节式水阀电动执行器由关闭到开启过程的测试：

调节式执行器一般具有自学习功能，必须先进行自学习，即触动自学习按钮，执行器能从任何一个位置状态直到开启状态不能再执行的情况时，自动返回关闭状态，达到关闭状态不能再执行时结束，自动回复待命状态。整个过程均有指示灯指示。

完成自学习后，将设置好的输入量信号（0～10V）先输入5V信号，观察执行器是否运行到50％的位置，调试测量反馈信号是否对应输出5V的电压信号。继续输入10V电压，观察是否运行到100％的位置执行器电机自动停止，同时测量反馈信号是否对应输出10V。如出现异常，及时切断信号或者调小信号电压，检查故障原因。

②风阀电动执行器安装及测试

风阀执行器由执行机构和控制机构两部分组成。控制机构通过执行元件调节风叶开启度，使风管内通风量满足预定要求。执行机构则接受来自控制器控制信号转换为驱动调节机构输出（如角位移或直线位移输出）。

风阀电动执行器安装：

风阀执行器在安装前宜进行模拟动作检查，输出力矩必须与风阀要求相匹配且符合设计要求；按规定检查线圈与阀体间绝缘电阻、供电电压及控制输入信号等均应符合要求。

风阀电动执行器应稳固安装在阀体上，当阀体不能承受力矩应力时应有加固措施；执行器应扣紧阀轴，其转轴轴心与阀轴轴心应一致，且方向及行程保持一致；执行器上开闭箭头指向应与风门开闭方向一致。

风阀电动执行器测试：

风阀电动执行器完成安装并正确连接后应测试检查。

开关式风阀电动执行器应首先调节好行程限位开关，手动关闭阀门和开启阀门，调节好两处限位开关位置并处于触发状态。

调节式风阀电动执行器也应首先调节好行程限位开关，方法与开关式风阀电动执行器相同。在无电压状态下设置好调节输入电量信号类型和阀门启/闭的正/反向。

按规定设置好受控输入信号和反馈信号范围值，即可通电测试。

开关式风阀电动执行器由关闭到开启过程的测试：

在DDC控制箱输出一个触发信号，查看电动执行器是否运行平稳并无异常杂音，到达开启点能自动停止，检查风阀是否完全开启，如不能达到要求，适当调整行程开关。同时用万用表测量反馈信号线由开启转为闭合的信号。

关闭 DDC 控箱触发信号，查看电动执行器是否平稳返回，到达原状态是否自动停止，检查水阀是否完全关闭，并用万用表测量反馈信号线由开启转为闭合的信号。

调节式风阀电动执行器由关闭到开启过程的测试：

调节式驱动器一般具有自学习功能，须先行自学习，即触动自学习按钮，驱动器会从任何一个位置状态直到开启状态不能再执行时自动返回关闭状态，达到关闭状态不能再执行时结束，自动回复待命状态。整个过程均有指示灯指示。

之后，将设置好的输入量信号（0~10V）先输入 5V 信号，观察执行器是否运行到 50% 位置，调试测量反馈信号是否对应输出 5V 信号。继续输入 10V 电压，观察是否运行到 100% 位置执行器停止，同时测量反馈信号是否对应输出 10V 信号。如出现异常，应及时切断信号或调小信号电压，检查故障原因。

③电气设备控制及测试

建筑设备监控系统常见控制电气设备，如排风机、送风机、空调机组、新风机组、各类型水泵等。电气控制系统一般称为电气设备二次控制回路，不同设备有不同的控制回路。具体来说，电气控制系统是指由若干电气元器件组合，用于实现对某个或某些对象的控制，从而保证被控设备安全、可靠运行，其主要功能有自动控制、保护、监视和测量。

电气设备的连接：

电气设备控制系统（箱）由其他专业提供，建筑设备监控系统控制器与第三方设备必须弄清接口连接方式。

检查电气设备预留控制的端子，预留的信号接线端子是有源信号还是无源信号（干接点），是否符合 DDC 控制器信号接收要求；需要控制器提供电压信号还是无源信号。需要提供电压信号的应注意电压级别和容量，考虑 DDC 控制器是否需要适配控制电压和增减容量；需要 DDC 控制器提供无源信号（干接点）的，应考虑干接点的容量和接入信号的电压级别。

电气设备需要监控调节的，如为调频控制，则应核对调节信号是否标准 0～10V 或 4～20mA。

核对无误后，按照各监测信号和控制信号端子正确规范接线。

电气设备的测试：

关闭电气设备主回路电源，开启二次回路电源，这样不会因调试控制而频繁启动设备。

手动控制操作电气控制箱，检查动作是否正常，并观察所有监视信号是否一一对应，如运行信号、故障信号、手自动选择信号等。

将电气控制箱处于自动控制状态，模拟一个控制信号输出，是否正常启动电气设备主控器（如主接触器）。

测试调节控制。由 DDC 控制器提供一个模拟信号由低往高缓慢调节，观察控制箱动作是否正常。

二次回路完全测试完毕，关闭所有控制，闭合设备主回路电源。首先进行手动控制，无异常后再投入自动控制。自动控制正常测试调节控制，调节控制时由最低信号慢慢加大，约 80% 即可。整个测试过程必须注意设备运行条件。有些设备宜空载测试，有些设备必须负载测试。如水泵需要有水才能运行。特别要留意污水泵测试过程中遇到没有水时不能强行启动水泵。

3）现场控制器的安装与测试

① 控制器安装

建筑设备监控系统需要应用各类各型现场控制器，如图 3-20 所示。一般由专业厂家或专业工程师根据设计要求安装在控制箱内，如图 3-21 所示。控制箱规范连接，留出具有标记的接线端子供现场端接。

因此，控制器安装只需按照设计要求和现场实际安装于控制箱内，并按接线图正确规范接线即可。

图 3-20　DDC 控制器

② 控制器编程

建筑设备监控系统产品品牌及种类很多，不同控制器厂家有不同控制器编程软件。获取厂家DDC 控制器编程安装软件和授权，熟悉安装所需的条件，如对计算机硬件配置要求、操作系统版本要求、辅助软件要求、安装编程时选项等。

将编程软件安装于笔记本调试电脑，打开编程窗口，DDC 控制器编程窗口组成部分及菜单栏功能一般有如下内容：

图 3-21　现场控制箱

标题栏——标注编程项目文件的名字。

菜单栏——显示各种功能菜单，如开始、编辑、修改、视图、上传、下载、帮助等栏目。

工具栏——提供快速点击按直接进入功能状态，方便快捷。

工作区——编写和设置的区域，也是编程操作的主界面和主要编程页。

状态栏——表示当前页面工作状态，如项目名称、控制器名称、编程状态等。

编程时可根据需要打开多个窗口，选择多个项目进行编辑。

控制器编程一般按如图 3-22 所示步骤进行。

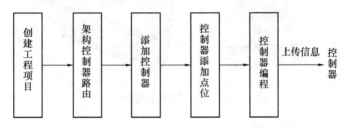

图 3-22　控制器编程基本步骤

创建工程：即在信息栏中填写本系统工程项目名称等信息。

架构控制器路由：即设置控制器链路总线的地址、波特率、起始位、校验码等参数。

添加控制器：按照系统实际，在一条链路拖挂控制器，添加控制器时应定义控制器链路地址、控制器地址、型号、波特率等参数。

控制器添加点位：在已定义的控制器添加输入/输出端点，并设置端点属性（如 DI、DO、AI、AO 类型）。如接口端子是固定的 DI 点就不能设置为 AI 点；若是 AI 点，还应标明电压型还是电流型。

控制器编程：对控制器已编辑的点进行组态和编程，按一定逻辑编写程序，编写的方式有图形编程和汇编式编程，编写好的程序可进行自检。

上传信息到控制器：将各点位功能和自检好的程序上传到控制器。上传前须将调试电脑与控制器正确连接。设置好控制器地址、波特率、起始位、校验码等参数，调试电脑与控制器连上即有信号显示。

6. 系统调试

（1）BAS 调试前准备：

1）图纸检查

下列图纸和资料应作为 BAS 调试的依据：

BAS 系统图、监控点数表、接线图（端子图）、施工设计图；BAS 设备产品使用说明书、技术资料、安装调试要领书以及本工程合同规定的其他图纸和技术资料。

2）基本软件编程、组态检查

系统各单元逻辑与地址设定基本完成，包括图形制作、网络各结点的名称、地址与代号等。

3）设备外观和安装状况检查

核对 BAS 所有设备、器件（包括现场传感器、变送器、阀门、执行机构、控制盘等）等符合要求，安装、连接正确无误。

4）调试环境条件检查

系统调试环境、工业卫生要求（温度、湿度、防静电、电磁干扰等）符合设备使用规定。

5）电源检查

系统供电电源和接地正确、规范。

（2）现场控制器 DDC 调试

1）DDC 输入输出端检查

① 数字量输入测试：干接点输入逻辑值确认；脉冲或累加信号符合要求；确认电压或电流信号（有源与无源）符合要求；动作实验；特殊功能检查。

② 数字量输出测试：继电器开关量输出 ON/OFF；输出电压或电流开关特性检查；动作试验；特殊功能检查。

③ 模拟量输入测试：温/湿度、压力、压差等传感器输入信号；电量传感器（电压、电流、频率、功率因素等）输入信号；流量传感器输入信号（包括静态和动态）。

④ 模拟量输出测试：手动检查，先将驱动器切换至手动档，然后转动手动摇柄，检查驱动器的行程是否在 0～100％范围内。按要求模拟输入信号或从 DDC 输出 AO 信号，确认驱动器动作正常；动作试验，用程序或受控方式对全部的 AO 测试点逐点进行扫描测试应正常；特殊功能检查，按本工程规定的功能进行检查，如保持输出功能、事故安全功能等。

2）DDC 功能调试

① 运行可靠性测试

检测受控设备设定的监控程序，测试受控设备运行记录和状态。关闭中央监控主机、数据网关（包括主机至 DDC 之间的通信设备），确认系统全部 DDC 及受控设备运行正常。

重新开机后抽检部分 DDC 设备中受控设备的运行记录和状态，确认系统框图及其他图形均能自动恢复。

关闭 DDC 电源后，确认受控设备运行正常。重新受电后确认 DDC 能自动恢复受控设备运行记录和状态。

② DDC 抗干扰测试：将一台干扰源设备（例如冲击电钻）接入 DDC 同一电源，干扰设备开机后，观察 DDC 设备及其受控设备运行参数和状态是否正常。

③ DDC 软件主要功能及其实时性测试：按说明书和调试大纲要求进行测试。

④ DDC 点对点控制：在 DDC 侧用笔记本电脑或现场检测器测定被控设备运行状态返回信号的时间，应满足系统要求。

⑤ 报警响应测试：现场模拟一个报警信号，测定在显示器图面和触发蜂鸣器发出报警信号的时间，应符合要求。

（3）建筑设备监控功能调试

建筑设备现场控制系统调试应当在前端传感器、执行器、现场控制器测试正常，且受控设备设施正常运行情况下进行。

1）送/排风机监控调试：

查检所有送排风机及相关联设备的联锁控制顺序正确无误。

能按规定的时间表自动启停送排风机。

排风机兼作消防排烟功能时，应能实现消防控制优先方式。

对于变风量送排风系统，应能根据室内正（或负）压的变化自动调整送排风机转速。

2）新风机组监控调试

根据不同季节工况合理规划送风温度、湿度设定值或范围，设定值应利于新风机组的节能运行；按冬夏季工况模拟改变设定值的方式，确认表冷阀、加热阀、加湿器（阀）的动作方向正确；对温/湿度控制回路 PID 参数进行精调节，确认控制精度、调节过渡过程和系统稳定性满足要求；新风机组停止运行时，确认新风电动阀、表冷/加热阀、加湿器（阀）全关闭。

北方地区冬季工况运行时，宜先将加热阀开启一定比例后，再开启新风阀、启动风机运行。

冬季防冻开关报警时，应停止风机运行。新风电动阀、加湿器（阀）应全关闭，加热阀宜按一定调节比例开启，系统应具有报警提示功能。

当过滤器压差超过设定值，压差开关应能报警。

模拟收到防火阀关闭或消防报警信号时，风机能停止运行，新风电动阀、表冷阀、加热阀、加湿器（阀）能全关闭。

变风量新风机组，模拟改变送风压力（风量）设定值或室内空气品质设定值，确认风机转速（或高、中、低三速）能相应改变。当测量值稳定在设定值时，风机转速应稳定在某一点上。

新风机组单体调试完成，应按要求恢复送风温湿度参数的初始设定值。

新风机单体设备调试操作：

按监控点数表要求，检查新风机上温/湿度传感器、电动阀、风阀、压差开关等设备安装和接线正确无误；在非 BAS 受控状态下已运行正常。

确认 DDC 送电并接通主电源开关，控制器和各元件状态正常。用笔记本电脑或手提检测器按附表记录所有模拟量输入点送风温度和风压的量值，核对其数值是否正确；记录所有开关量输入点（风压开关、防冻开关和压差开关等）工作状态应正常；强制所有开关量输出点输出信号，确认相关的电动阀（冷热水调节阀）的工作应正常，位置调节应跟随变化。

启动新风机，新风阀门应连锁打开，送风温度调节控制应投入运行。

模拟送风温度大于设定值（一般高出 3℃左右），热水调节阀开度应减小直至全部关闭；模拟送风温度小于送风温度设定值（一般低于 3℃左右），确认其冷热水阀运行工况与上述完全相反。

湿度调节，模拟送风湿度小于送风湿度设定值，加湿器应按预定要求投入工作，并使送风湿度趋于设定值。

如新风机是变频调速或高、中、低三速控制时，应模拟变化风压测量值，确认风机转速能相应改变；稳定在设计值时，风机转速应稳定在某一点上。按设计和说明书要求记录 30%、50%、90%风机速度时或高、中、低三速相对应的风压或风量。

当新风机停止运转时，应确认新风门、冷热水调节、加湿器等应全关闭。

调试完成时，应按设定值使送风温度、湿度和风压回复初始状态。

对于四管制新风机，可参照上述规定进行，但冷、热水管电动阀门的调节按设计工艺、调试大纲和产品供应商技术要求进行确认。

3）空气处理机组监控调试

根据不同季节工况规划室内（或回风）温度、湿度设定值或范围，宜采用全年多工况分区运行策略，制定各工况区域最佳温湿度控制回路，合理利用室外新风能量，保证空调机组节能运行。

模拟改变设定值，确认表冷阀、加热阀、加湿器（阀）、新风阀、回风阀、排风阀和变频器（若有）的动作方向正确。

对于动态调节品质要求较高时，宜采用串级调节方式；应对控制回路（包括串级控制回路）的 PID 参数进行精调节，保证控制精度、调节过渡过程和系统稳定性满足要求。

对于带变风量末端装置的全空气变风量空调系统，宜将送风管道压力、空气处理机组送风温度作为变风量末端装置与空气处理机组联动控制的关联参数进行控制，保证空调系统节能运行。

对于变风量空调机组，应模拟改变送风压力（风量）设定值，确认风机转速（或高、中、低三速）能相应改变。当测量值稳定在设定值时，风机转速应稳定在某一点上；应能根据室内空气品质（或二氧化碳浓度）的变化自动控制新风阀开度。

空调机组停止运行时，应确认新/排风电动阀、表冷阀、加热阀、加湿器（阀）回到全关闭位置，回风电动阀置于全开位置。

冬季防冻开关报警时，应停止风机运行；加热阀宜按一定调节比例开启，系统应具有报警提示功能。

过滤器压差超过设定值，压差开关应能报警；模拟收到防火阀关闭或消防报警信号时，风机能停止运行，新风电动阀、表冷阀、加热阀、加湿器（阀）能全关闭。

空调机组单体调试完成，应按工艺和设计要求恢复室内（或回风）温湿度参数的初始设定值；空气处理系统宜按春、夏、秋、冬工况进行季节性调试和程序修订。

空气处理机单体设备调试：

启动空调机时，新风门、回风风门、排风风门等应连锁打开，各种调节控制应投入；空调机停止运转时应回到全关闭位置。

变风量空调机应按控制功能变频或分档变速的要求，确认空气处理机的风量、风压随风机速度随之变化。当风压或风量稳定在设计值时，风机速度应稳定在某一点上，并按说明书要求记录30%、50%、90%风机速度时相对应的风压或风量（变频、调速），分档变速时测量其相应的风压与风量。

4）冷热源系统监控调试

空调冷热源站监控程序宜按夏季、冬季工况分别进行调试。

启动自动控制模式，受控设备启停控制顺序应符合要求；通过增加或减少空调末端机组运行台数，模拟增加或减少冷热负荷，确认控制程序能自动调整制冷/制热主机及关联设备；制冷主机增减台数控制时，程序应具备防流量突变导致主机故障停机的措施；通过模拟值班运行的机组、水泵、冷却塔故障，系统应能自动启动备用设备投入运行；应自动累计受控设备的运行时间及启动次数，根据受控设备技术要求提示维护和检修；记录在控制器的设备累计运行时间及启动次数，在系统断电时保持时间不低于72h；按累计运行时间，自动轮换值班/备用受控设备。

对于定流量系统，应能根据系统供回水压差变化自动调节供回水旁通阀；对于一次泵变流量系统，冷冻水泵变频控制应优先于供回水旁通阀控制，并应保证制冷机组最低流量要求。

对于二次泵变流量系统，应根据情况合理选择水泵变频调节依据，尽可能避免供回水直接混合现象的发生。

对于采用变冷冻供水温度节能系统，应模拟空调末端负载变化工况，确认控制系统对冷冻供水温度设定值的正确修订；应能根据冷却水温度变化，自动启停冷却塔风机运行台数和控制相关电动水阀开关。

对于冷却水变流量系统，应根据冷水机组和冷却水泵综合运行能耗合理控制冷却水泵的频率；与冷热源机组自带控制装置通信集成时，系统应能读取机组的各种运行参数。

冷冻机组调试操作：

确认各台冷冻机、冷却泵、冷冻泵、冷却塔、阀门等受控设备，在手动控制状态下设备运行正常。

通过DDC控制器或操作站对冷冻机、冷却泵、冷冻泵、冷却塔、阀门等受控设备进行强制控制。

启动冷冻机群控程序，根据冷冻机组的工艺要求和冷负荷或回水温度增加或减少的变化，增加或减少相应的冷冻机组。

关闭群控程序，应按要求关闭冷冻机组。

5）给排水系统监控调试

给排水系统监控程序调试：自动控制模式下，应能根据水箱（池）液位变化或管道压力变化自动控制水泵运行台数或实现水泵转速控制。

给排水系统单体设备调试：按监控点数表要求检查安装于各类水箱、水池的水位传感器、水量传感器等设备；在手动控制状态下，其设备运行正常；在 DDC 侧或主机侧，按要求检测 AO、AI、DO、DI 点，确认满足监控点和联动、连锁的要求。

6）供配电系统监控调试

系统监控点测试：根据设计供配电系统监控点数表要求，逐点进行测试，其误差应满足技术要求。

柴油发电机运行工况测试：确认柴油发电机输出配电柜处于断开状态，模拟启动柴油发电机组启动控制程序，按设计监控点数表要求确认相应开关设备动作和运行工况应正常。

7）照明系统监控调试

按时间表或室内外照度自动控制照明回路开关，应符合要求。

监控中心应能对各照明回路开关进行监测和遥控，并符合要求。

8）电梯及扶梯系统监控调试

监控中心应能显示电梯（手扶梯）当前位置、运行状态和故障报警信息，并与实际情况一致。

电梯系统运行状态监测。在 DDC 侧或主机侧按要求检测电梯设备的全部监测点，确认满足点数表和联动连锁要求。

（4）中央管理系统安装与调试

1）设备安装

中央控制站设备安装包括设备控制台、机柜、网络控制器、服务器、工作站、打印机以及供电、照明、空调、消防、安防等相关附属设备设施，应按设计要求和设备说明书规定规范安装，正确接续。

2）监控软件安装

按设计文件为设备安装监控系统软件，系统安装应完整，应具备正版软件技术手册。

专业编制的用户应用软件、用户组态软件及接口软件等在安装前应编制完毕，并经功能测试和性能测试合格。

操作系统、防病毒软件应设置为自动更新方式。

软件系统安装后应能够正常启动、运行和退出。

在网络安全检验后，服务器方可以在安全系统的保护下与互联网相联。

3）中央管理站与各设备系统控制调试

① 系统联调条件

监控系统网络上工作站、服务器、打印机、网络控制器、现场控制器、被控设备自带控制器以及其他集成智能化系统之间的连接、传输线规格型号应正确无误，并符合规定要求。

系统网络上各节点通信接口的通信协议、数据传输格式、传输速率、校验方式、地址设置应符合规定要求，能正常通信。

提供完整准确的数据通信点清单，内容包括：点位名称、数据类型、数据读写类型、数据读写范围、数据量纲、报警阈值。

对通信过程中发送和接收数据的准确性、及时性、可靠性进行验证，应符合规定要求。

模拟监控中心设备出现故障时，现场控制器以及现场控制器之间的通信应能正常工作。

建筑设备监控系统采集的数据应与设备自带控制器或其他集成智能化系统的数据相一致，且为设计中指定的全部数据。

各子系统之间的联动功能应符合要求，试验次数应不少于3次。

② 监控机房调试要求

工作站对现场各项参数进行实时采集，参数数据、标签地址、代号应与现场控制器中的数据完全一致，且数据刷新时间符合要求。

监控工作站、服务器对现场采集的数据进行归档、存贮，并具备查询、报表、趋势图分析、能耗统计与分析、打印等功能。数据归档方法、存贮时间应符合要求。

通过监控工作站应能遥控现场各模拟输出量（AO）或数字输出量（DO），现场执行机构或受控设备应动作正确、有效。

监控工作站应以受控设备动态流程图、建筑平面图、表格等形式显示受控设备的运行参数、运行状态、故障报警等信息。

人机操作界面及主要软件组态界面应汉化，操作应方便、直观。

监控工作站应能对系统设备、网络通信、受控设备的运行故障进行报警提示，并能显示报警时间、地点、内容和简单的维护建议。

监控工作站应设不同级别的操作权限，并对操作登录进行记录。

现场控制器时钟应与工作站、服务器时钟保持同步。

监控工作站、服务器应具备系统软件备份功能，在掉电和恢复送电后，应能自动恢复全部监控管理功能。

对于配置有冗余功能的服务器，应人为模拟服务器、网络通信故障，确认备份服务器功能正常、参数数据不丢失。试验次数应不少于3次。

7. 常见故障分析与排除

建筑设备监控系统常见故障主要有监测数据丢失或偏差大、控制失灵或调节不到位等。

（1）中央管理系统故障分析与排除

鉴于集散式控制系统，故障分析应区分为现场监控和中央管理两个部分入手。当中央管理平台发现问题和故障时，首先检查相关的DDC状态是否正常，可以判定故障存在于二层网络之中。

1）局域网络故障。局域网中断造成管理平台数据丢失、无法监控——检查网络，排除故障。

2）管理系统软件运行故障。使数据丢失、错误，监控失灵

——常见停机重启即可恢复。

3）管理工作站故障。造成系统管理软件无法正常运行——重新安装操作系统和监控软件，硬件设备故障时应更换设备。

（2）现场监控系统故障分析与排除

以安装有监控测试软件的笔记本电脑连接故障区的 DDC，检查相关监测数据和模拟控制状态。

1）设备运行正常而监测数据丢失

① 传感器无信号输出——传感器掉电——检查供电器，恢复供电。

② 传感器信号输出正常——检查传输线路故障点，修复。

2）设备运行正常而监测数据误差超过规定标准值

① 传感器信号输出线路接触不良——检查传输线路故障点，修复。

② 传感器故障——更换传感器。

3）控制失灵

检查控制故障时，一般应在设备停止运行后进行，排除故障后恢复。

① 执行器无控制信号——DDC 输出信号正常，则检查线路故障点，修复；DDC 无输出或输出信号不正常，则重启 DDC；如无效，则更换 DDC。

② 执行器控制信号正常——检查执行器故障点，或更换执行器。

4）控制不准确

检查控制故障时，一般应在设备停止运行后进行，排除故障后恢复。

① 执行器控制信号不正常——DDC 输出信号正常，则检查线路故障点，修复；DDC 输出信号不正常，则重启 DDC；如无效，则更换 DDC。

② 执行器控制信号正常——调整执行器；若调整无效，更换执行器，并重新调整。

建筑设备监控系统对于设备设施正常运行关系重大，应按照系统维护规定，定期维护保养。

（二）建筑能效监管系统

1. 系统概述

建筑能效监管系统是为建筑物内耗电量、耗水量、耗气量（天然气量或者煤气量）、集中供热耗热量、集中供冷耗冷量与其他能源应用量的控制与测量提供解决方案的能效监控与管理的系统。它对于检测建筑用能、合理选用建筑设备设施、制定绿色运营精细化管理决策、评价绿色建筑具有不可替代的重要作用。

2. 建筑用能分类分项

建筑能效监管系统可分为能耗分项计量及用能分析和管理两部分。后者主要为后台的数据分析、决策，主要由管理软件和数据库完成。前者需要通过现场能耗分项计量系统工程来实现。

为满足监管平台统一管理，建筑能耗分类分项应予以统一规定，水、电、燃气、燃油耗用进行分类分项的规定见表 3-1。此外，有些地方还对集中供热、供冷和可再生能源的利用也作了分类和分项。

建筑能耗分类分项表　　　表 3-1

能耗类别	一级子类	分项用途	分项名称	一级子项
水	饮用水			
	生活用水	厨房餐厅		
		盥洗		
		洗衣房		
		绿化		
		水景		
		空调		
		游泳池		
		其他		

能耗类别	一级子类	分项用途	分项名称	一级子项
电		常规用电	照明、插座	室内照明与插座
				公共区域
				室外景观
			空调系统	冷热站
				空调末端
			动力系统	电梯
				水泵
				非空调区域的通排风设备
		特殊用电	特殊用电	电子信息机房
				厨房餐厅
				洗衣房
				游泳池
				其他
燃气	天然气	燃气	冷热源	
	人工煤气		厨房餐厅	
	液化气		生活热水	
			其他	
燃油	汽油			
	煤油			
	柴油			
	燃料油			

3. 建筑能耗分项计量系统架构

能耗分项计量系统由能耗计量装置、数据采集器、传输网络和管理平台等部分组成，在建筑物或建筑群中，配置能耗管理工作站，对所属建筑用能数据进行监视。我国许多城市还建有集中管理平台，接入该城市所有建筑能耗分项计量数据，作统计和分析，期望对建筑节能做出管理和指导，并成为智慧城市管理的一个组成部分，如图 3-23 所示。

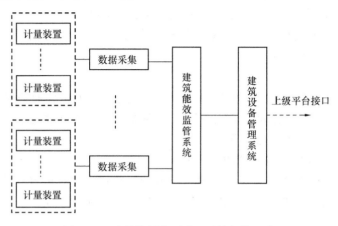

图 3-23　建筑能耗分项计量系统架构示意

4. 设备安装与测试

（1）安装准备

建筑能耗分项计量系统安装前应认真计划，并应与相关专业（供配电、给排水等）工程进行协调，为前端计量表具安装与测试、系统调试协同进行，做好充分准备。

1）施工文件准备

① 备齐与本系统工程作业有关的施工图纸。弄清施工作业的内容、要求和质量标准。

② 阅读产品技术文件。着重弄清前端计量表具、数据采集器的规格、型号、精度、输出数据格式及其安装方式。

③ 学习施工方案。掌握作业计划和作业内容，着重明确各施工环节与安全、质量有关的注意事项。

④ 阅读安装记录表，明了填写内容和要求。

2）备齐施工材料

按照施工计划和施工文件，提前填报领料单，适时领取设备、器件、线缆及相关的辅助材料。各类计量表具应认真核对表具形式符合现场实际，其量程和精度应满足设计要求。

3) 工具准备

根据作业内容，适时备齐设备安装、测试所需要的工具和仪表，并提前检查工具和测试仪表的完好程度，掌握仪表使用方法，熟悉测试程序。

4) 施工条件检查

适时踏勘施工作业现场，了解施工环境是否符合作业条件，特别应检查施工作业的安全性条件、设备安装调试的基础性条件。

（2）系统设备安装

1) 电能计量装置安装

能耗分项计量系统使用的用电计量装置常见有电流互感器、电力分析仪和数字式电度表等，如图3-24所示。

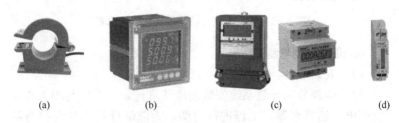

(a)　　　　　　　　(b)　　　　　　　　(c)　　　　　　　(d)

图3-24　常见用电计量装置

（a）电流互感器；（b）电力分析仪；（c）三相数字电表；（d）单相数字电表

① 电流互感器安装

电能计量系统中常用电流互感器。选用互感器精度等级应不低于0.5级，应具有符合《互感器　第2部分：电流互感器的补充技术要求》GB 20840.2的检测报告。

电流互感器由闭合铁芯和绕组组成。一次绕组匝数很少，串在需要测量电流的线路中。二次绕组匝数比较多，串接在测量仪表和保护回路中。电流互感器工作时，2次回路始终是闭合的，测量仪表和保护回路串联线圈的阻抗很小，电流互感器的工作状态接近短路。其作用是把数值较大的一次电流转换为数值较小的二次电流，用以保护和测量。

采用电流互感器接入的低压三相四线电能表，其电压引入线应单独接自该支路开关下口的母线，禁止在母线和电缆连接螺栓处引出。

电压、电流回路 U、V、W 各相导线应分别采用黄、绿、红色绝缘铜质线，中性线应采用黑色绝缘铜质线，并在导线上设置与图纸相符的端子编号。导线排列顺序应按正相序自左向右或自上向下排列。电流互感器进线端的极性符号应一致，如图 3-25 所示为三相四线制电度表连接示意。

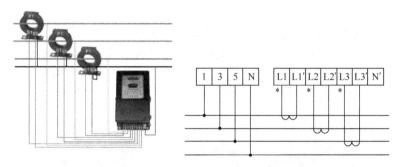

图 3-25　三相四线电度表互感器连接示意

电流互感器二次回路应安装接线端子，变压器低压出线回路宜安装试验端子。出线端子应编制序号。端子排应便于更换和接线，离地高度宜大于 350mm。连线与端子应连接可靠，杜绝开路现象发生。电流互感器二次侧一端应可靠接地。

电流测量回路应采用截面不小于 2.5mm^2 的铜质线缆。电压测量回路应采用耐压不低于 500V 的铜芯绝缘导线，且芯线截面不应小于 1.5mm^2。

既有建筑改造项目中如利用已有互感器的，应在施工前对互感器出线进入计量装置的接线极性进行测试，如出现反接，应在系统施工时进行纠正。

②　电子式电能计量装置安装

计量系统电子式电能计量装置常使用电力分析仪、三相数字电表和单相数字电表。电子式电能计量装置精度等级应不低于

1.0级，装置应具有计量数据输出功能，应具有合格检测报告。

电子式电能计量装置安装应注意以下事项：

安装前应通电检查和校验。计量表具精度等级应满足要求，应结合现场条件规范安装。

使用多功能电力仪表和三相电力分析仪时，采集电压信号前端应加装1A熔断器。二次回路的连接件均应采用铜质制品。

单独配置的计量表箱在室内挂墙安装时，安装高度宜为0.8~1.8m。

电表应垂直安装，表中心线倾斜不大于1°。

在原配电柜（箱）中加装时，计量装置下端应设置标示回路名称的标签，与原三相电表间距应大于80mm，单相电表间距应大于30mm，电表与屏边的距离应大于40mm，如图3-26所示。

图3-26　电能表在箱体中安装示例

2）水表安装

计量系统使用数字式水表，如图3-27（a）所示，精度应不低于2.5级，应具有累计流量和计量数据输出的功能，其接口管径应不影响原系统供水流速。

规范安装水表于用水管上，并将数字信号输出线缆敷设并连接到设计所指定的采集器。

水表规范安装后应检查：

打开水阀观察接口处不应漏水、渗水。

水表盘面流量应有指示，且随阀门开度的大小指示作相应变化，关断水阀后流量指示应不再变化。

在数据采集器应能监测到水流量数据。

(a)   (b)   (c)

图 3-27　常用数字式计量表具

(a) 数字式水表；(b) 数字燃气表；(c) 数字冷/热量表

3）燃气表安装

计量系统使用数字式燃气表，如图 3-27（b）所示，精度应不低于 2.0 级，应符合使用燃气类别、安装条件、工作压力和用户要求，应具有累计流量和计量数据输出功能。

严格按规范安装表具后应将数字信号输出线缆规范敷设并连接到设计所规定的采集器。

燃气表安装后应检查：

打开燃气阀门查看接口处不应漏气，可用肥皂水刷涂接口管表面，应无气泡产生。

燃气表盘面计量值应有指示，且随阀门开度大小指示作相应变化，关断阀门后指示应不再变化。

在数据采集器应能监测到燃气流量数据。

4）冷/热量计量装置安装

计量系统测量冷、热量使用数字式冷/热量表，如图 3-27（c）所示，数字冷/热量表测量误差应不大于 5%，应具有累计流量功能和计量数据输出功能，表具的安装应不影响原有热（冷）量流量和流速。

表具应按照管道安装的方法和规范安装，数字信号输出线缆按照规范敷设并连接到设计所规定的采集器。

冷/热量表安装后应检查：

打开阀门查看接口处不应漏气（漏水）。

本表盘面计量值应有指示，且随阀门开度大小指示作相应变化，关断阀门后指示应不再变化。

在数据采集器端应能监测到冷/热量数据。

5）能耗数据采集器

能耗数据采集器为连接计量表具，采集用能数据，并上传至能耗监管平台的中间传输设备，如图 3-28 所示。能耗数据采集软件业已由生产厂商部署其中，采集器与计量表具通常以总线方式连接，与监管系统平台工作站一并接入局域网实现通信。采集器应具有"断网续传"的功能，采集器的功能和技术指标应符合设计要求。

图 3-28　能耗数据采集器

采集器通常安装于建筑物弱电间的设备箱内便于接线、便于读数的部位，应固定牢固，正确连接，并按照技术说明书要求规范供电。

6）监管平台设备安装

建筑能耗监管系统中央平台包括服务器、工作站、通信接口、显示器、打印机等设备。应按照设计要求和现场实际规范安装、正确接线。

设备正常上电后，应根据技术说明书安装能耗监管系统软件，完成相关部署和设置，并接入系统局域网。

5. 能效监管系统调试

（1）计量装置单点调试

使用装有数据调试软件的笔记本电脑，逐一连接能耗计量装置数据输出接口，按如下步骤查对信息采集数据与计量装置盘面数值。

1）设定初始值。对于具有计量数据积累的信息采集设备，应设定计量初始值与计量装置盘面数据一致。

2）按供能系统规范和操作规程开启能耗负载，检查信息采集数据和计量装置盘面数据，应正常显示，两者误差符合设计规定。

3）调试完毕应复原能耗计量装置与传输系统的连接。

（2）数据采集器调试

接通电源，采集器指示正常。

1）按照采集器技术说明书要求接入测试笔记本电脑。

2）查询接入采集器每一台计量表具实时计量数据，应与单点测试数据一致。

3）查询各台计量表具上送的累计值，应与单点测试数据一致。

4）检查采集器输出端，查验发送数据的时间应符合设计要求，数据误差符合设计要求。

5）断开网络1h后恢复网络，采集器可将断网期间未发送的计量数据无误地发送。

（3）数据发送接收功能调试

1）检查与数据中心工作站通信网络，应顺畅无误。

2）部署监管软件，输入建筑信息，应符合设计规定。

3）查核身份认证和数据加密传输，应准确、有效，符合设计要求。

4）部署计量点位，填写计量数据分类、分项。

5）查核系统计量点自动发送的能耗计量数据、发送速度和精度，应符合设计规定的功能和指标。

（4）数据处理功能调试

按照设计要求和系统说明书规定进行。

1）查询各计量点能耗计量数据，包括计量点位置、数据分类分项、上传时间，均符合设计要求。

2）按照分类、分项和用能时间统计用户能耗，并计费。

3）输出各类能耗数据统计、对比、分析报表，应符合按照设计要求。

（5）系统设备管理功能调试

管理系统内所有设备，显示工作状态，接收报警信息（断电报警、断网报警、设备故障报警）应正常。采用模拟故障的方式检查，报警类别、地址、时间均应按要求显示，且报警响应时间应满足设计规定。

6. 常见故障分析与排除

建筑能效监管系统运行过程中常见故障主要有计量数据缺失、数据不准确，直接影响到能耗计量计费、用能分析和用能决策准确性，必须及时排除故障，保障系统正常运行。

（1）计量数据缺失

1）个别计量数据缺失

前端总线网络故障——检查总线，修复故障点。

计量装置断电——查检工作电压，判断断电原因，修复供电线路或更换供电器。

计量表具输出信号线断路——查检断路点，修复。

计量表具故障——更换计量装置。

2）多个计量数据缺失

前端总线网络故障——检查总线，修复故障点。

采集器输入端口故障——更换端口，恢复信号输入。

采集器故障——更换采集器。

3）全部计量数据缺失

局域网络故障——检查网络，予以恢复。

监管平台工作站故障——更换工作站硬件设备。

监管软件故障——检查丢失的文件，予以得置或重启计算机恢复系统状态。

（2）计量数据不准确

1）个别计量数据不准确

前端总线网络不稳定——检查总线，修复故障点。

计量装置供电不稳定——查检工作电压，判断断电原因，修复供电线路或更换供电器。

计量表具输出信号线接触不良——查检线路接续障点，修复。

计量表具故障——更换计量装置。

2）多个计量数据不准确

前端总线网络不稳定——检查总线，修复故障点。

采集器输入端口故障——更换端口，恢复信号输入。

采集器故障——更换采集器。

3）全部计量数据不准确

局域网络不稳定——检查网络，予以恢复。

监管平台工作站故障——更换工作站硬件设备。

监管软件故障——检查丢失的文件，予以重置或重启计算机，恢复系统状态。

四、信息化应用系统

（一）系统概述

信息化应用系统以信息设施系统、公共安全系统和建筑设备管理系统等智能化系统为基础，为满足建筑物的各类专业化业务、规范化运营及管理的需要，由多种类信息设施、操作程序和相关应用设备等组合而成的系统。

信息化应用系统为建筑物高效、安全、节能运营起着十分重要的作用。如信息安全管理系统为各类通信网络起着"保驾护航"的作用；物业管理系统使建筑管理与运营实现科学计算机管理，显著推升着管理服务的效率和水准；智能卡应用系统卓越地为入住单位人员提供着便利；银行、医院的排队叫号、自助缴费等公共服务系统明显地改善着公共场所的秩序；政府部门为民服务窗口的各类信息化业务应用系统，极大地提升着服务质量和效率……总之，现代建筑和建筑群智能化功能发挥是否充分，很大程度在于建筑物或建筑群内信息化应用系统完备与否，运行正常与否。

智慧城市就是运用信息大数据开展智慧化服务，提升城市规划建设和精细化管理服务水平。推动数字化城管平台建设和功能扩展，统筹推进城市规划、城市管网、园林绿化等信息化、精细化管理，强化城市运行数据的综合采集和管理分析，建立综合性城市管理数据库，重点推进城市建筑物数据库建设。以信息技术为支撑，完善社会治安防治防控网络建设，实现社会治安群防群治和联防联治，建设平安城市，提高城市治理现代化水平。深化信息化与安全生产业务融合，提升生产安全事故防控能力。建设面向城市灾害与突发事件的信息发布系统，提升突发事件应急处置能力。

智慧城市是基于泛在化的信息网络、智能的感知技术和信息安全基础设施，透明、充分的获取城市管理、行业、公众用户海量数据，为公众提供共享信息，打造智能生活、智能产业、智能管理的城市信息化应用。

（二）系 统 内 容

基于目前信息化应用系统的状况，仅介绍了比较普及并具有通用意义的若干信息化应用系统，随着信息科技的不断发展和信息化应用的持续挖掘的深入，将会研发和涌现出更多且日益完善的信息化新功能应用系统并被人们认识和采用，为人们开创出智能化系统工程更为优良的功能前景。

1. 公共服务系统

公共服务系统主要实现访客接待管理和公共服务信息发布等功能，并具有将各类公共服务事务纳入规范运行程序的管理功能。例如排队叫号系统等。

2. 智能卡应用系统

智能卡应用系统具有身份识别等功能，以及消费、计费、票务管理、资料借阅、物品寄存、会议签到等管理功能，同时适应不同安全等级的应用模式。如企事业单位中常用于门禁、考勤、会议签到等智能卡应用系统。

采用生物识别技术，满足智能卡应用系统不同安全等级应用模式的主要技术方式之一，生物识别技术主要类型为指纹识别、掌纹识别、人脸识别、手指静脉识别等，均由于其特有的高防伪特性已被高安全等级应用采纳。

3. 物业管理系统

物业管理系统具有对建筑物业的经营、运行、维护等进行计算机管理的功能。在我国物业管理企业得到普遍应用，酒店管理系统也属于这一类。

4. 信息设施运营管理系统

信息设施运行管理系统具有对建筑物信息设施运行状态、资源配置、技术性能等进行监测、分析、处理和维护等功能。如弱电机房内使用的对电子设备运行管理系统和机房环境监控系统就属于这一类。

5. 信息安全管理系统

在智能建筑的信息系统建设和运营过程中，信息安全日益得到重视。我国已经颁布了一系列标准、规定和要求，主要采取硬件隔离、信息屏蔽、信息加密、软件防护等技术措施和严格操作规程等管理措施。国家现行标准有《计算机信息系统 安全保护等级划分准则》GB 17859、《信息安全技术 网络安全等级保护基本要求》GB/T 22239、《信息安全技术 信息系统通用安全技术要求》GB/T 20271、《信息安全技术 网络基础安全技术要求》GB/T 20270、《信息安全技术 操作系统安全技术要求》GB/T 20272、《信息安全技术 数据库管理系统安全技术要求》GB/T 20273、《信息安全技术 服务器安全技术要求》GB/T 21028 等，均应严格遵守和执行。

6. 通用业务系统

通用业务系统是以符合该类建筑主体业务通用运行功能的应用系统，它运行在信息网络上，实现各类基本业务处理办公方式的信息化管理，具有存储、交换、加工信息及形成基于信息的科学决策条件等基本功能，通常是以满足该类建筑物整体通用性业务条件状况功能的基本业务办公系统。如许多企业应用的 ERP 系统就属于此类。

ERP 是企业资源计划（Enterprise Resource Planning）的简称，是建立在信息技术基础上，集信息技术与先进管理思想于一身，以系统化管理思想，为企业员工及决策层提供决策手段的管理平台。它是从 MRP（物料需求计划）发展而来的新一代集成化管理信息系统，其核心思想是供应链管理。它跳出了传统企业边界，从供应链范围去优化企业的资源，优化现代企业运行模式，反映了市场对企业合理调配资源的要求。它对于改善企业业务流程、提高企业核心竞争力具有显著作用。

7. 专业业务系统

专业业务系统以该类建筑通用业务应用系统为基础（基本业务办公系统），实现该建筑物的专业业务的运营、服务和符合相关业务管理规定的设计标准等级，叠加配置若干支撑专业业务功能的应用系统。专业业务系统通常是以各种类信息设备、操作程序和相关应用设施等组合，具有特定功能的应用系统。

五、智能化集成系统

（一）系统概述

随着大数据、云计算基础设施的不断完善，人工智能、物联网技术不断进步，深度学习算法体系和通用算法包的逐步成熟，智能建筑的发展迎来了绝佳机遇，自学习、会思考，可以与人自然地沟通和交互，具有对各种场景的自适应能力，越来越多的建筑将变得更加聪明，成为各类智能化信息的综合应用平台。并且作为智慧城市的一部分，可以在更高的结构层次上高度互联。

智能化集成系统（Intelligent Building Management System，IBMS）将充分应用云计算、物联网、大数据、移动互联网、BIM、GIS、虚拟现实和人工智能等技术，综合信息设施系统、建筑设备管理系统、公共安全系统、一卡通管理系统、物业运维管理系统、能源管理系统、应急响应系统等建成智能建筑云平台，在智能建筑云平台上，人工智能将无处不在，让智能建筑以最绿色、最高效、最生态的方式运行，帮助在智能建筑中工作和生活的人们享受到更安全、高效和便利的服务和环境。在智能建筑中，虚拟现实和人工智能成为人、建筑、服务、环境等交流互动的主要方式。将成为真正"能思考"和快速响应的智能建筑。

智能化集成系统要求达到如下基本功能要求：以实现绿色建筑为目标，满足建筑业务功能、物业运营及管理模式的应用需求；满足智能化信息资源共享和协同运行的要求；具有实用、规范和高效的监管功能；适应信息化综合应用功能的延伸及增强，顺应物联网、云计算、大数据、智慧城市等信息交互多元化和新应用的发展。

智能建筑能对自然或人为灾难的预防和控制提供有效的方法和措施，以保证生命财产的安全；智能建筑能让建筑与自然和谐共存，在保证安全运营的情况下最大限度地降低能耗，实现节能减排；应用人工智能、BIM/VR、物联网、移动互联网、云计算、大数据等新技术；通过人和建筑互动，智能建筑可以适应变化的场景，为用户提供便捷性和舒适性，提高用户工作生活质量；智能建筑具有足够的兼容性，以便包容未来科学的发展和新技术的应用。智能化集成系统的建设目标：

（1）安全

选用"主流"技术和产品，保证智能化系统高效可靠运行；保证建筑内的所有机电设备的正常自动化运行；为建筑内人员提供人身、财产安全保障。

（2）舒适

为内部使用者提供舒适、便捷的工作环境；提供内部适宜的空气温度、相对湿度和空气洁净度等环境参数指标；保障水、电、冷、热等能源供应。

（3）高效

现代化的通信手段与办公条件；满足内部各部门之间和与外部互通信息，实现信息资源共享的需要；使用者能及时了解资讯信息；为管理者提供便捷的物业管理手段。

（4）节能

延长设备使用寿命；节省能源；节省人员；提高设备利用率。

（二）系　统　架　构

智能建筑云平台基本原理就是基于建筑内高速智能化物联网，"云"提供的信息管理服务、数据管理服务、建筑管理服务、公共安全管理服务、一卡通管理服务等应用都来自服务器集群。智能建筑服务终端所需的应用、数据、存储和计算都由后台的服务器集群来提供和完成。

智能建筑云平台具有高可用、统一管控、绿色低能、新一代智能自动化运维及超强云安全的特点，可提供云化技术、大数据、AI等全面能力。

智能建筑云平台如图5-1所示。

（1）基础设施即服务（IaaS）

基础设施即服务：包括硬件基础实施层、虚拟化及资源池化层、资源调度与管理自动化层。

硬件基础实施层：包括主机、存储、网络及其他硬件在内的硬件设备，他们是实现云服务的最基础资源。

虚拟化及资源池化层：通过虚拟化技术进行整合，形成一个对外提供资源的池化管理（包括内存池、服务器池、存储池等），同时通过云管理平台，对外提供运行环境等基础服务。

资源调度层：在对资源（物理资源和虚拟资源）进行有效监控管理的基础上，通过对服务模型的抽取，提供弹性计算、负载均衡、动态迁移、按需供给和自动化部署等功能，是提供云服务的关键所在。

（2）平台即服务（PaaS）

在IaaS基础上提供统一的平台化系统软件支撑服务，也就是智能建筑一级云平台。包括统一身份认证服务、访问控制服务、工作量引擎服务、通用报表、决策支持、物联网、大数据分析、定位服务等。这一层不同于传统方式的平台服务，这些平台服务也要满足云架构的部署方式，通过虚拟化、集群和负载均衡等技术提供云服务，可以根据需要随时定制功能及相应的扩展。

提供标准化的数据接口、存储存取控制和日志分析与查询接口；提供云终端（虚拟桌面）支撑；提供多媒体解码和播放；提供各业务系统的逻辑功能，提供报警信息的处置和传达；向上层展示提供业务交互处理能力。

（3）软件即服务（SaaS）

按需服务是SaaS应用的核心理念，可以满足不同用户的个性化需求，也就是智能建筑二级应用平台。如通过负载均衡满足

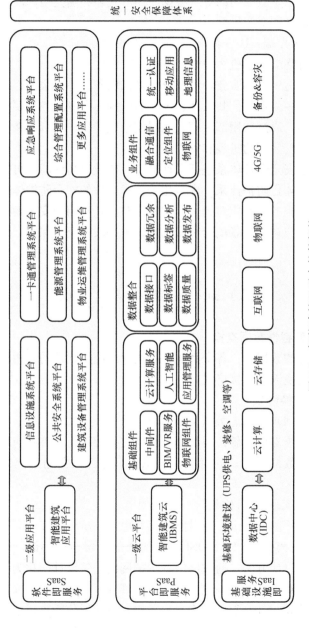

图 5-1 智能建筑云平台软件架构

大并发量用户服务访问等。根据使用方式和终端类型，向用户呈现相应信息和交互界面。

PC 客户端：B/S 客户端、C/S 客户端；

手持终端：手机客户端、PAD 客户端。

对外提供终端服务，可以分为基础服务和专业服务。基础服务提供统一门户、公共认证、统一通信等，专业服务主要指各种业务应用。通过应用部署模式底层的稍微变化，都可以在云计算架构下实现灵活的扩展和管理。

信息安全管理体系包括云计算平台建设以高性能高可靠的网络安全一体化防护体系，虚拟化为技术支撑的安全防护体系，集中的安全服务中心应对无边界的安全防护，利用云安全模式加强云端和用户端的关联耦合和采用非技术手段补充等保障云计算平台的安全。

（三）通信网络及接口协议

1. 兼容性数据交换

兼容的数据库：各子系统、数据库、应用软件均采用标准的数据库交换以及连接格式。

2. 交换协议

（1）DDE（动态数据交换协议）

本系统支持微软公司的动态数据交换协议，允许各应用程序之间简单数据存储，同时网上动态数据允许数据通过网络进行交换。

（2）Lonworks 协议

它由美国 Echelon 公司推出，并由 Motorola、Toshiba 公司共同倡导。它采用 ISO/OSI 模型的全部 7 层通信协议，采用面向对象的设计方法，通过网络变量把网络通信设计简化为参数设置。支持双绞线、同轴电缆、光缆和红外线等多种通信介质，通信速率从 300bit/s 至 1.5Mbit/s 不等，直接通信距离可达 2700m

（78kbit/s），被誉为通用控制网络。Lonworks 技术采用的 Lon-Talk 协议被封装到 Neuron（神经元）的芯片中，并得以实现。采用 Lonworks 技术和神经元芯片的产品，被广泛应用在楼宇自动化、家庭自动化、保安系统、办公设备、交通运输、工业过程控制等行业。IBMS 软件需要能够支持 Lonworks 协议，能够接入 Lonworks 设备。

（3）BACnet 协议

它是一个标准通信和数据交换协议。各厂家按照这一协议标准开发与楼宇自控网兼容的控制器与接口，最终达到不同厂家生产的控制器都可以相互交换数据，实现互操作性。换言之，它确立了在不必考虑生产厂家，不依赖任何专用芯片组的情况下，各种兼容系统实现开放性与互操作性的基本规则。IBMS 软件平台需要能够兼容 BACnet 协议，接入 BACnet 设备或系统。

3. 软件接口

（1）应用编程接口 API（Application Programming Interface）

API 是一些软件模块，由各系统供应公司编制，这些软件模块用于和其他子系统来进行数据交换。通过 API，各系统并不需要很清楚了解其他系统数据库的格式及详细的指令格式。因为各系统是与 API 内一组已公开的函数调用沟通，而各系统只需要按照这些公开的函数调用格式编写软件，就可以不理会那些各系统内的复杂指令，API 会代为翻译。

（2）OLE

微软的对象链接嵌入 OLE（最先进的数据交换技术）已成为软件行业及微软最常普遍的标准方法。

（3）COM/DCOM 共用控件模型/分散式共用控件模型

微软的控件定义标准：控件由标准化的数据及内部定义组成，这一特点使它在应用程序通过编程进行数据交换非常容易。

（4）CORBA（Common Object Request Broker Architecture）

CORBA 是一种语言中性的软件构件模型，提供基于文本的接口描述语言，可以跨越不同的网络，不同的机器和不同的操作系统，实现分布对象之间的互操作。

(5) ActiveX

本服务器内部技术 ActiveX 控件，方便执行控制或将程序代码嵌入另一个 ActiveX 控件/文档。ActiveX 控件的特性使得它在应用程序中完成在程序或调用其他程序中执行特定任务显得非常容易。微软的 Word、Access 及 Visio 等强大的桌面软件都得益于 ActiveX 技术。

(6) OPC 用于过程控制

微软最新定义的标准 OLE/COM 用于同许多数据源通信。对于本项目，它主要用于方便不同系统之间的数据传输。它定义了如何与建筑物智能集成管理系统（IBMS）连接的标准。该标准描述了 OPCCOM 控件，它们之间的界面由 OPC 服务器来完成。OPC 数据访问允许数据访问服务器。它保留服务器的信息并且作为 OPC 控件组的包装。OPC 同时定义了当 OPC 客户发生特殊事件及报警情况时，OPC 客户将被服务器注意的技术。另外，OPC 同时定义了历史记录的存取，允许数据记录及趋势检索及信息总汇。

4. 网络标准

(1) EthernetIEEE802.3（10/100Base-T）

目前世界上最先进及普及的网络解决方案，本网络标准为广泛采纳的工业标准，已经过多次成功验证。支持多种传输介质，包括 UTP/STP，同轴电缆，光纤及无线。网络的传输速率为 10MB 或 100MB（自适应）及支持 1GB（千兆以太网）。大量新推出的网络产品将网络费用降低，并保证网络系统适应不同安装下的不同形势。

(2) TCP/IP——传输控制协议/INTERNET 协议

以太网上的该协议标准用于允许数据传输，隧道及路由。它提供在 INTERNET/INTRANET 上最基本的数据信息传输标准。

（3）BACnet

一种通信协议由 ASHRAE（美国标准空调工程协会）制定，用于大厦自控及网络控制。它允许不同的大厦自控及控制系统进行信息交换、发布命令及系统功能。安装 BACnet 设备可从硬件系统级即可进行集成，也可在以后的高级软件应用层进行连接。本项目将会使用基于 Ethernet 上的 BACnet 协议。

（4）LONwork

LONwork/LONmark 由 Echelon 和 LONmark 通用连接标准协会定义，用于局域网络。它是符合 SNVT 及 SCPT 的标准的通信协议，本项目将会主要使用 FFT-10 接收发送，为 78k 波特传输速率。其他的 LONwork 产品使用不同的接收器可通过路由器连接。支持标准功能简档包括空间舒适功能简档。

（5）H. 264 或 H. 265

最新的视频数据压缩标准，允许从 CCTV 系统出来的视频信号被压缩（编码）并通过多种介质网络传输。传输后视频将被解压（解码），并被显示在所需工作站上。

（四）新技术应用

1. 人工智能（AI）

人工智能（AI）技术为智能建筑带来"自学习能力"。概念上讲，智能建筑的行为模式类似于人类行为。在自学习的过程中，智能建筑需要从外界环境和用户行为中获取信息、挖掘模式，并进行自身的调整。智能化系统不再停留在人为设置的阶段，而是会像人一样自动感知建筑内部的一切，从中自发地提取出可用的信自。近年来，人工智能算法研究的成熟和云计算、大数据基础设施的完善使"自学习能力"的广泛应用成为可能。智能建筑应该具有自己的"大脑"，能控制和自动调节建筑内的各类设施设备，让建筑具有判断能力，并驱动执行器进行有序的工作。当智能建筑所有的静态数据和动态数据都集中到一个平台上，通过基于大数据分析技术的智能建筑大脑将所有系统变成一个整体，各系统间能智慧有机地协同联动。在智能建筑的建设中，深度强化学习基于前期的挖掘成果，能对环境、经济、用户体验等各方面出现的各类复杂问题进行快速建模，完成智能建筑从基础的数据采集与展示，向敏锐感知、深度洞察与实时决策的智慧化阶段发展。这就是人工智能技术带给智能建筑的改变。

2. 云计算

云计算基础设施实现大数据处理和智能建筑云端的服务共享。智能建筑内大量智能系统面向使用者提供服务，需要计算处理的数据量不断增加，复杂性不断提升。原来的本地部署方式已落后于这种数据量海量增加的需求，云计算设施则刚好能解决这样的困难。云计算的特征是按需求提供资源、按使用付费以及动可态伸缩、易扩展，其核心技术包括分布式运算、分布式存储、应对海量数据的先进管理技术、虚拟化技术和云计算平台管理技术。它的成功应用能够帮助人、建筑、服务和环境实现互联，从而推动智能建筑云端服务的共享，真正向智慧城市的迈进。

3. 物联网

物联网技术全面激活智能建筑的感知能力。物联网应用涉及包括城市管理、智能家居、物流管理、食品安全控制、零售、医疗、安全等在内的众多领域。其中，无论是定位技术，还是物物互联或其他相关技术，都将为未来智能建筑的搭建添砖加瓦。IT 时代物联网的本质是将 IT 基础设施融入物理基础设施中，是一种支持性技术。进入到 DT 时代，随着物联网基础技术的突破，Lora、NB-IOT、5G 等标准不断深化成熟，物物连接的成本不断下降，一个万物互联的时代呼之欲出。DT 时代的物联网，通过端到端实现海量的物物相联。它不仅是一个网络系统，最终将成长为一个智慧的平台。

4. 移动互联网

移动互联网正逐渐渗透到人们生活的各个领域，作为最便捷、最时尚、最值得信赖的技术和业务，正在深刻地改变着信息时代的生活，也给城市的发展带来全新的活力和动力。移动互联网侧重基于移动互联的智能终端应用，是智慧城市的主要展现手段。

5. BIM 技术

BIM 技术的模型基础来自于工程应用中各类相关信息数据的综合。它是五维关联数据模型（几何模型 3D＋时间进度模型 4D＋成本造价模型 5D），可实现协同设计、虚拟施工、碰撞检查、智能化管理等，从设计到施工再到运维全过程的可视化管理，可以使资源得到最优化的利用。BIM 模型是一个丰富的建筑信息库，它通过数字信息技术把整个建筑进行数字化、虚拟化、智能化，存储了建筑的完整信息数据，包括工程设计、建造和管理，它不仅包括物体三维的轮廓信息，还有很多的其他特征信息，比如材料的传热系数、采购信息、造价等。以往由于技术限制，设计师只能进行非常有限和低效的三维设计，而现代信息化技术和三维设计技术的发展，使得回归符合人类思维习惯的三维设计成为可能。

当前，BIM 在物联网中的应用还很薄弱，但两者的结合不仅具有相当高的可行性，而且具有广阔的前景和巨大的价值。BIM 是建筑业革命性的平台和技术，物联网是物与物相互联系的网络，通过他们的深度融合，将推动智能建筑向智能建筑的快速进化。

6. GIS 技术

地理信息系统（GIS）技术是近些年迅速发展起来的一门空间信息分析技术，在资源与环境应用领域中，它发挥着技术先导的作用。GIS 技术不仅可以有效地管理具有空间属性的各种资源环境信息，对资源环境管理和实践模式进行快速和重复的分析测试，便于制定决策、进行科学和政策的标准评价，而且可以有效地对多时期的资源环境状况及生产活动变化进行动态监测和分析比较，也可将数据收集、空间分析和决策过程综合为一个共同的信息流，明显地提高工作效率和经济效益，为空间资源管理提供技术支持。

7. VR技术

虚拟现实技术是一种可以创建和体验虚拟世界的计算机仿真系统，它利用计算机生成一种模拟环境，是一种多元信息融合的、交互式的三维动态视景和实体行为的系统仿真使用户沉浸到该环境中。

简单的虚拟平台，提供建筑周边环境，供用户浏览建筑周边基础设施建设、生活服务信息，功能相对完整的三维可视化楼宇平台以建筑为中心，加入一系列人性化的功能，以虚拟现实技术作为远程设备管控、安防、消防、能效管理等业务，使传统的管理业务更加直观、高效。

8. 传感技术

随着科技的进步，传感器会向着价格越来越低、性能和精度越来越高的方向发展。陀螺仪、激光等传感器，过去的价格非常昂贵，但随着在消费级无人机和自动驾驶中的大量使用，价格大幅降低，精度也有显著提高。此外，传感器也将越来越智能化。视频传感器借助最新的算法已经能够准确地判断出人和物的特征和相关信息，展现出了其智慧化的一面。随着技术的飞速发展，传感器也将越来越小型化、微型化、无线化。将来的建筑中，传感器将无处不在，分布在建筑中的各个角落，就如同人类的感官一样，无时无刻不在监测着建筑中的各种信息。通过从传感终端得到的数据进行综合模拟分析，可以得到更加有用的数据为人类服务。在可预知的未来，生物传感器、纳米传感器等更多新型传感器也会逐渐得以应用。这些丰富多样的传感器以及从中获取的大数据必将赋予建筑卓越的感知能力，为智能建筑的实现打下坚实的基础。

（五）系 统 功 能

1. 全局事件集成管理

IBMS 对各集成子系统进行综合考虑和优化设计，通过对各子系统的一体化集中处理，可以有效地对大厦内的各类事件进行全局管理，将智能建筑内的空间、能源、物流环境通过信息流与人联系起来，实现一体化服务，提高系统管理的效率。全面利用智能建筑内各子系统运行的实时和历史信息数据，并对其进行综合分析和处理，在信息优化的基础上实现跨子系统的全局化事件的集成管理，充分实现信息资源的共享，方便智能建筑的决策部门进行合理的组织，并进行调度、协同、指挥，使决策方案和措施付诸实施。

2. 跨系统的联动控制

IBMS 实现了智能建筑内各专业子系统之间的互操作、快速响应与联动控制。通过联动设置，可使系统在某些突发事件发生时自动、快捷、准确地完成一系列相关事件的操作处理，提高了智能建筑对突发事件进行快速响应的能力，使管理人员迅速做出决策，以减少某些事故带来的危害和损失。联动控制举例如下：

（1）入侵报警系统与视频监控系统的联动

入侵报警系统出现报警信息，集成平台联动录像机以及矩阵，集成平台联动录像机以及矩阵，切换相应位置摄像机画面至规定的监视屏幕，同时录像机启动录像功能。

（2）入侵报警系统与一卡通系统的联动

当防盗报警探测器动作，通过 IBMS 集成软件的点定义，与出入口控制系统的电磁锁联动。

当有人正常刷卡进入或非法闯入设有出入口控制系统的区域，通过 IBMS 集成软件开放接口，把非法读卡或非法闯入报警信息给入侵报警系统，与入侵报警系统联动。采用公共用户模式，联动报警系统自动布撤防、旁路、解除旁路。

（3）入侵报警系统与楼宇自控系统的联动

当入侵报警探测器动作，通过 IBMS 集成软件开放接口，把报警信息给第三方软件，与智能照明系统联动将灯光打开。

（4）消防报警系统与楼宇自控系统的联动

当出现火警时，集成平台联动楼宇自控系统关断相应层面的新风机组、空调机组和通风设备，防止火情进一步扩展。

（5）一卡通系统与视频监控系统的联动

安全防范综合管理系统工作站与门禁管理工作站之间通过通信接口连接，当有人非法读卡或非法闯入设有出入口控制管理系统的区域，通过 IBMS 集成软件的点定义，联动现场摄像机到相应出入口控制点，进行实时查询。

（6）一卡通系统与消防报警系统的联动

本大楼所有门禁均能与消防报警系统联动，保证当发生大火时自动开启门禁的电锁。保证通道通畅。

（7）视频监控系统与消防报警系统的联动

当火灾报警系统发生报警时，IBMS 集成平台接收报警信号，并联动就进的摄像机，并且换图像至显示器。

（8）公共广播系统与消防报警系统的联动

当火灾报警系统发生报警时，IBMS 集成平台接收报警信号，并联动相关区域背景音乐分区，播放预先录制好的警情提示信息，并且在相关电子地图中显示区域信息。消防系统通过背景音乐系统对着火区域及相邻±1 层区域发布紧急广播采用内部联动方式进行实现。

（9）停车场管理系统与消防报警系统联动

当火灾报警系统发生报警时，联动停车场管理系统，打开道闸。

3. 及时报警处理

IBMS 中的各种报警事件必须快速、显式地将报警信息通知值班人员和管理人员。IBMS 不仅提供丰富声光报警、窗口报警、固定电话报警、智能语音报警、手机报警、短信报警、Email 报警等多种实时报警信息，还可根据报警数据来源进行准确报警定位，通过智能语音组合成如"某区某楼层空调温度过高，请立即查看"的报警信息。系统根据不同的管理权限和日常经验，可设置各类报警屏蔽和处理。系统对所有报警信息自动记录，方便管理者查阅和佐证。

4. 多用户操作管理界面

随着用户对智能建筑管理水平的提高，对智能建筑的集成管理已不只限于在中控室或中心机房进行，智能建筑内不同的管理者要求对不同的子系统或设备的运行信息进行管理的需求。IBMS 可很好地支持多用户操作管理界面，这样，只要是授权用户就可操作相应的管理对象。这一特点突破了传统的智能建筑集成管理系统只限于在中控室或中央机房进行管理的缺陷，极大地方便了多用户管理的应用环境。

5. 辅助分析

IBMS 提供了实时曲线和历史曲线对系统/设备数据进行图形化辅助分析，同时，可以对曲线进行放大与缩小显示；如果需要可以打印历史曲线。

6. 灵活报表输出

IBMS 内嵌强大报表系统，不仅能满足基本、常用的日报表、周报表、月报表还支持用户自由订制图形化（如饼图、直方图、折线图等）、个性化报表，还可与通用报表软件实现报表的导入导出。

7. 电子地图

通过动态的电子地图逼真模拟现场，可以实时显示系统中各监控点及设备、人员目前处于不同空间位置运行状况。

8. 自动巡视

IBMS 可根据用户需要，在无人操作下，可以选定需要作巡视的页面，并设定每页停留时间、巡视次序、巡视次数。减少人为重复操作，避免重要页面漏巡。

9. 远程管理

管理者可通过任意终端方便地远程查看各设备、系统的运行状况，以及各类曲线、报表，如果权限允许也可对设备、系统进行控制管理。

10. 日志管理

IBMS 自动对操作人员、操作内容、操作时间、故障点、故障内容、故障处理、时间等信息进行完整地记录，并可对这些记录进行多条件查询，为管理者提供完备的系统操作维护资料和重大事件佐证。

11. 安全管理

IBMS 可对管理和使用者分配不同的操作使用权限，并对所有管理和使用者根据职能进行分组管理，防止系统信息泄露和被非授权人员所干扰。

12. 完全组态

IBMS 具备完整的页面、设备、策略组态功能。系统不仅全面支持目前流行的多文本、图形、图像、报表等格式文件以及动画、视频、声音等多媒体数据信息，为用户提供多种多样的现场仿真式组态操作界面和个性化操作界面，而且能够通过图形化设备组态和策略组态，简便快捷地实现设备增删和联动设置等高级操作。

（六）系 统 实 施

1. IBMS 方案的编制

了解项目情况，调研客户需求，进行需求分析，编制 IBMS 实施方案，并通过客户审核。

2. 软件编程并测试

首先，应详细深入了解各子系统技术细节、系统工作原理和对外提供接口方式。其次，针对各子系统接口进行深入的调试，并完成相应接口程序开发，通过接口程序实现不同子系统信息在网络上的共享，以便统一管理各子系统信息。完成接口程序后，通过系统组态、设定和跨子系统联动编程，综合处理各子系统相关信息。最后，进行测试和联调，主要测试集成系统和各子系统的对应情况、系统反应速度和联动执行情况。

3. 硬件安装和软件部署

安装 IBMS 服务器和通信接口，安装网络操作系统及数据库软件，安装 IBMS 软件。安装完成后进行验证：

（1）应用软件安装的目录及文件数应准确。

（2）启动应用软件的引导程序，其执行应准确。

（3）用户登录过程包括用户标识及口令输入、口令修改等操作应准确。

（4）应用软件主界面（主菜单）的功能应符合"用户权限设置"的要求。

（5）检查主界面（主菜单）上的应用功能是否能正常执行。

4. 系统测试

（1）按照 IBMS 实施方案逐条执行功能测试。

（2）采用渐增测试方法，测试应用软件各模块间的接口和各子系统之间的接口是否正确。

（3）采用设置故障点及异常条件的方法，测试应用软件的容错性和可靠性。

（4）应对应用软件的操作界面的风格、布局、常用操作、屏幕切换及显示键盘与鼠标的使用等设计抽样进行可操作性测试。

（5）测试系统主要技术指标，包括系统实时数据传送时间、系统控制命令传送时间、系统联动命令传送时间等，是否满足设计要求。

（6）测试完成后，提供一份完整的测试报告。

5. 系统试运行和验收

系统测试完成后即投入试运行。在此期间对集成系统接口程序、系统组态和联动编程进行纠错和优化，经过数次反复最终形成最全面、合理、完善的智能化集成系统。完成试运行后，进行系统验收。主要验收内容：

(1) 网络连通性能测试。

(2) 数据采集实时性测试。

(3) 控制功能逻辑性测试。

(4) 控制功能实时性测试。

(5) 联动控制功能逻辑性测试。

(6) 联动控制功能实时性测试。

(7) 功能界面评估。

(8) 数据记录、历史查询、报表输出等常规功能测试。

六、机房工程

（一）机房工程概述

机房工程是为提供机房内各智能化系统设备及装置的安置和运行条件，以确保各智能化系统安全、可靠和高效地运行与便于维护的建筑功能环境而实施的综合工程。

随着现代计算机和网络技术的发展，进行各种数据业务处理的数据中心机房，对其安全性、可用性、节能环保等方面提出了更高的要求。

机房工程最大的特点是智能化内容丰富、相关专业多、综合性强，数据中心机房更是一门多学科综合技术工程。为了保证智能化设备的稳定可靠运行，机房环境除必须满足智能化设备对承重、温度、湿度和空气洁净度的要求，以及对供电电源质量、接地电阻、电磁场和振动等技术要求外，还必须满足机房工作人员对照度、空气的新鲜度和噪声等的要求。

（二）机房工程的分类

智能化系统机房包括信息接入机房、有线电视前端机房、信息设施系统总配线机房、智能化总控室、信息网络机房、用户电话交换机房、消防控制室、安防监控中心、应急响应中心和智能化设备间（弱电间、电信间）等，并可根据工程具体情况独立配置或组合配置，各种复杂的组合配置又称数据中心机房。

数据中心可以是一栋或几栋建筑物，也可以是一栋建筑物的一部分，包括主机房、辅助区、支持区和行政管理区等。其中主机房主要用于数据处理设备安装和运行的建筑空间，包括服务器机房、网络机房、存储机房等功能区域。辅助区是用于电子信息设备和软件的安装、调试、维护、运行监控和管理的场所，包括进线间、测试机房、总控中心、消防和安防控制室、拆包区、备件库、打印室、维修室等区域。支持区是为主机房、辅助区提供动力支持和安全保障的区域，包括变配电室、柴油发电机房、电池室、空调机房、动力站房、不间断电源系统用房、消防设施用房等。行政管理区是用于日常行政管理及客户对托管设备进行管理的场所，包括办公室、门厅、值班室、盥洗室、更衣间和用户工作室等。

数据中心根据其使用性质、数据丢失或网络中断在经济或社会上造成的损失或影响程度划分为 A、B、C 三级。

（1）A 级数据中心符合下列情况之一：

1）电子信息系统运行中断将造成重大的经济损失。

2）电子信息系统运行中断将造成公共场所秩序严重混乱。

（2）B 级数据中心符合下列情况之一：

1）电子信息系统运行中断将造成较大的经济损失。

2）电子信息系统运行中断将造成公共场所秩序混乱。

（3）不属于 A 级或 B 级的数据中心为 C 级。

（三）机房工程的建设内容

机房工程的是一项复杂的系统工程，主要内容包括：建筑与结构、室内装饰装修、供配电系统、防雷与接地系统、空调系统、给水排水系统、综合布线及网络系统、监控与安全防范系统、消防系统、电磁屏蔽系统等，如图 6-1 所示。

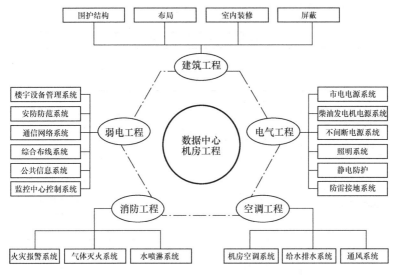

图 6-1　机房工程建设内容

（四）对相关专业的技术要求

与机房工程涉及的专业除弱电专业外，还有相关的专业，主要有建筑工程专业、电气工程专业、空调工程专业、消防工程等。

1. 建筑工程

机房建筑工程包括建筑结构、布局、室内装饰装修、屏蔽机房等内容。

（1）建筑与结构

建筑结构应满足机房设备的承重和抗震要求。

数据中心围护结构的材料选型应满足保温、隔热、防火、防潮、少产尘等要求。外墙、屋面热桥部位的内表面温度不应低于室内空气露点温度。对于数据中心主机房不宜设置外窗。不间断电源系统的电池室设有外窗时，应避免阳光直射。

各级数据中心机房建筑与结构要求见表 6-1。

各级数据中心机房建筑与结构要求　　表 6-1

项目	技术要求			备注
	A 级	B 级	C 级	
抗震设防分类	不应低于丙类，新建不应低于乙类	不应低于丙类	不宜低于丙类	—
主机房活荷载标准值（kN/m²）	组合值系数 $\Psi_c = 0.9$ 8～12 频遇值系数 $\Psi_f = 0.9$ 准永久值系数 $\Psi_q = 0.8$			根据机柜的摆放密度确定荷载值
主机房吊挂荷载（kN/m²）	不应小于 1.2			
不间断电源系统室活荷载标准值（kN/m²）	宜 8～10			
电池室活荷载标准值（kN/m²）	蓄电池组 4 层摆放时，不应小于 16			
总控中心活荷载标准值（kN/m²）	不应小于 6			
钢瓶间活荷载标准值（kN/m²）	不应小于 8			
电磁屏蔽室活荷载标准值（kN/m²）	宜 8～12			
主机房外墙设采光窗	不宜	—		

项目	技术要求			备注
	A 级	B 级	C 级	
防静电活动地板的高度	不宜小于 500mm			作为空调静压箱时
防静电活动地板的高度	不宜小于 250mm			仅作为电缆布线使用时
屋面的防水等级	I	I	II	

（2）机房布局

1）信息接入机房一般设置在便于外部信息管线引入建筑物内的位置。

2）信息设施系统总配线机房一般设于建筑的中心区域位置。

3）智能化设备间（弱电间、电信间）一般设置于工作区域相对中部的位置。

4）智能化总控室、信息网络机房、用户电话交换机房等是按智能化设施的机房等级及设备的工艺要求而确定的。当火灾自动报警系统、安全技术防范系统、建筑设备管理系统、公共广播系统等的中央控制设备集中设在智能化总控室内时，各系统一般有独立工作区。

5）信息设施系统总配线机房、智能化总控室、信息网络机房、用户电话交换系统机房等不应与变配电室及电梯机房贴邻布置。

6）机房不应设在水泵房、厕所和浴室等潮湿场所的贴邻位置。

7）设备机房不宜贴邻建筑物的外墙。

8）与机房无关的管线不应从机房内穿越。

典型机房系统布局如图 6-2 所示。

（3）室内装饰装修

1）室内装修，应选用气密性好、不起尘、易清洁、符合环

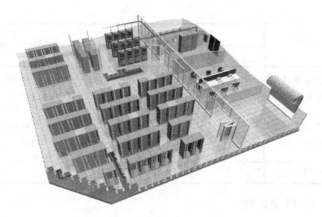

图 6-2 典型机房布局

保要求、在温度和湿度变化作用下变形小、具有表面静电耗散性能的材料，不得使用强吸湿性材料及未经表面改性处理的高分子绝缘材料作为面层。

2）机房内墙壁和顶棚的装修应满足使用功能要求，表面应平整、光滑、不起尘、避免眩光，并应减少凹凸面。

3）主机房地面设计应满足使用功能要求，当铺设防静电活动地板时，活动地板的高度应根据电缆布线和空调送风要求确定，并应符合下列规定：

① 活动地板下的空间只作为电缆布线使用时，地板高度不宜小于 250mm。活动地板下的地面和四壁装饰，可采用水泥砂浆抹灰。地面材料应平整、耐磨。

② 活动地板下的空间既作为电缆布线，又作为空调静压箱时，地板高度不宜小于 500mm。活动地板下的地面和四壁装饰应采用不起尘、不易积灰、易于清洁的材料。楼板或地面应采取保温、防潮措施，一层地面垫层宜配筋，围护结构宜采取防结露措施。

4）技术夹层的墙壁和顶棚表面应平整、光滑。当采用轻质构造顶棚做技术夹层时，宜设置检修通道或检修口当主机房内设有用水设备时，应采取防止水漫溢和渗漏措施。

5）门窗、墙壁、地（楼）面的构造和施工缝隙，均应采取密闭措施。

6）当主机房顶板采用碳纤维加固时，应采用聚合物砂浆内衬钢丝网对碳纤维进行保护。

典型机房模型如图6-3所示。

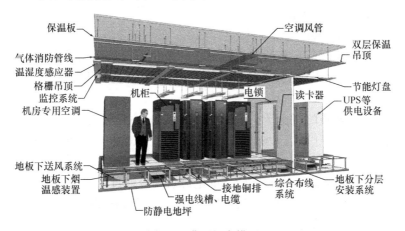

图6-3　典型机房模型

（4）屏蔽

1）一般要求

设有电磁屏蔽室的数据中心，建筑结构应满足屏蔽结构对荷载的要求。电磁屏蔽室与建筑（结构）墙之间宜预留维修通道或维修口。电磁屏蔽室的壳体应对地绝缘，接地宜采用共用接地装置和单独接地线的形式。

2）结构形式

① 用于保密目的的电磁屏蔽室，其结构形式可分为可拆卸式和焊接式。焊接式可分为自撑式和直贴式。

② 建筑面积小于 $50m^2$、日后需搬迁的电磁屏蔽室，结构形式宜采用可拆卸式。

③ 电场屏蔽衰减指标大于 120dB、建筑面积大于 $50m^2$ 的屏

蔽室，结构形式宜采用自撑式。

④ 电场屏蔽衰减指标大于 60dB 的屏蔽室，结构形式宜采用直贴式，屏蔽材料可选择镀锌钢板，钢板的厚度应根据屏蔽性能指标确定。

⑤ 电场屏蔽衰减指标大于 25dB 的屏蔽室，结构形式宜采用直贴式，屏蔽材料可选择金属丝网，金属丝网的目数应根据被屏蔽信号的波长确定。

3）屏蔽件

① 屏蔽门、滤波器、波导管、截止波导通风窗等屏蔽件，其性能指标不应低于电磁屏蔽室的性能要求，安装位置应便于检修。

② 屏蔽门可分为旋转式和移动式。一般情况下，宜采用旋转式屏蔽门。当场地条件受到限制时，可采用移动式屏蔽门。

③ 所有进入电磁屏蔽室的电源线缆应通过电源滤波器进行处理。电源滤波器的规格、供电方式和数量应根据电磁屏蔽室内设备的用电情况确定。

④ 所有进入电磁屏蔽室的信号电缆应通过信号滤波器或进行其他屏蔽处理。

⑤ 进出电磁屏蔽室的网络线宜采用光缆或屏蔽缆线，光缆不应带有金属加强芯。

⑥ 截止波导通风窗内的波导管宜采用等边六角型，通风窗的截面积应根据室内换气次数进行计算。

⑦ 非金属材料穿过屏蔽层时应采用波导管，波导管的截面尺寸和长度应满足电磁屏蔽的性能要求。

2. 电气工程

机房电气工程包括供配电、照明、静电防护、防雷与接地。

（1）供配电

数据中心的供配电应按照数据中心等级进行配置。

机房内电子信息设备一般采用不间断电源（UPS）供电。UPS 是一种高质量、高可靠性的独立电源，一般采用蓄电池作为后备电源的不间断供电装置。它由整流器、逆变器、交流静态开关和蓄电池组组成。平时，市电经整流器变为直流，对蓄电池浮充电，同时经逆变器输出高质量的交流净化电源供重要负载，使其不受市电的电压、频率、谐波干扰。当市电因故停电时，系统自动切换到蓄电池组，蓄电池组放电，经逆变器变换成交流给重要负载供电。其原理框图如图 6-4 所示。

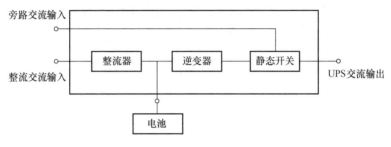

图 6-4　UPS 原理

A 级数据中心 2N 配电系统框图如图 6-5 所示。

各级数据中心电子信息设备交流供电电源质量要求见表 6-2。

电子信息设备交流供电电源质量要求　　　　表 6-2

项目	技术要求			备注
	A 级	B 级	C 级	
稳态电压偏移范围（%）	+7～−10			交流供电时
稳态频率偏移范围（Hz）	±0.5			交流供电时
输入电压波形失真度（%）	≤5			电子信息设备正常工作时
允许断电持续时间（ms）	0～10			不同电源之间进行切换时

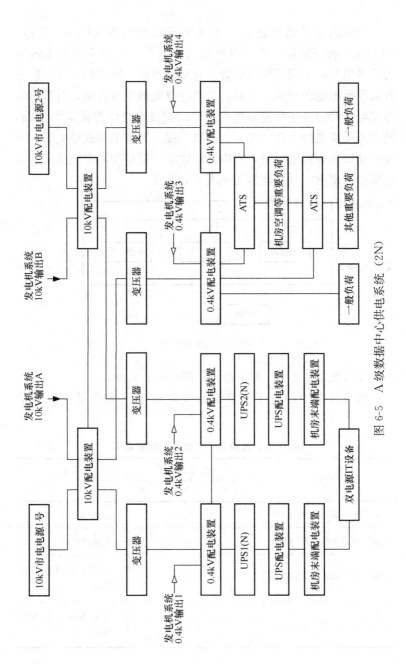

图 6-5　A 级数据中心供电系统（2N）

（2）照明

主机房和辅助区一般照明的照度标准值为 $300\sim500$lx，一般显色指数不宜小于 80。

照明灯具不宜布置在设备的正上方，工作区域内一般照明的照明均匀度不应小于 0.7，非工作区域内的一般照明照度值不宜低于工作区域内一般照明照度值的 1/3。

主机房和辅助区设置备用照明，备用照明的照度值不应低于一般照明照度值的 10%；有人值守的房间，备用照明的照度值不应低于一般照明照度值的 50%；备用照明可为一般照明的一部分。

数据中心设置通道疏散照明及疏散指示标志灯，主机房通道疏散照明的照度值不应低于 5lx，其他区域通道疏散照明的照度值不应低于 1lx。

（3）静电防护

主机房和安装有电子信息设备的辅助区，地板或地面应有静电泄放措施和接地构造，防静电地板、地面的表面电阻或体积电阻值应为 $2.5\times10^4\sim1.0\times10^9\Omega$，且应具有防火、环保、耐污耐磨性能。

（4）防雷与接地

机房防雷与接地参见上册相关内容。

3. 空调工程

（1）空气调节

机房空调工程主要保证机房的温度、湿度、洁净度和空气的新鲜度。

各级数据中心机房环境要求见表 6-3。

（2）给水排水

各级数据中心机房给水排水要求见表 6-4。

4. 消防工程

数据中心机房消防工程包括火灾自动报警系统、气体灭火系统、水喷淋灭火系统、消防排烟与灾后清空系统。

数据中心机房环境要求

表 6-3

项目	技术要求			备注
	A 级	B 级	C 级	
冷通道或机柜进风区域的温度	18～27℃			不得结露
冷通道或机柜进风区域的相对湿度和露点温度	露点温度 5.5～15℃，同时相对湿度不宜大于 60%			
主机房环境温度和相对湿度（停机时）	5～45℃，8%～80%，同时露点温度不宜大于 27℃			
主机房和辅助区温度变化率	使用磁带驱动时<5℃/h 使用磁盘驱动时<20℃/h			
辅助区温度、相对湿度（开机时）	18～28℃、35%～75%			
辅助区温度、相对湿度（停机时）	5～35℃、20%～80%			
不间断电源系统电池室温度	20～30℃			
主机房空气粒子浓度	应少于 17600000 粒			每立方米空气中大于或等于 $0.5\mu m$ 的悬浮粒子数

数据中心机房给排水技术要求　　表6-4

项目	技术要求			备注
	A级	B级	C级	
冷却水储水量	宜满足 12h用水	—	—	1. 当外部供水时间有保障时，水存储量仅需大于外部供水时间 2. 应保证水质满足使要求
与主机房无关的给排水管道穿越主机房	不应		不宜	—
主机房地面设置排水系统	应			用于冷凝水排水、空调加湿器排水、消防喷洒排水、管道漏水

各级数据中心机房消防安全要求见表6-5。

数据中心机房消防安全要求　　表6-5

项目	技术要求			备注
	A级	B级	C级	
主机房设置气体灭火系统	宜			—
变配电、不间断电源系统和电池室设置气体灭火系统	宜			—
主机房设置细水雾灭火系统	可			—
变配电、不间断电源系统和电池室设置细水雾灭火系统	可			—

项目	技术要求			备注
	A 级	B 级	C 级	
主机房设置自动喷水灭火系统	可 （当两个或两个以上数据中心互为备份时）		可	—
吸气式烟雾探测火灾报警系统	宜		—	作为早期报警，灵敏度严于 0.01%obs/m

（五）机房工程综合测试

机房工程基础设施完工后，需要对相关的技术指标进行测试，直到满足弱电设备运行要求，以保证机房弱电设备的正常运行。

机房综合测试（屏蔽效能测试除外）应在测试区域所含分部、分项工程的质量均应自检合格；测试前应对整个测试区域和空调系统进行清洁处理，空调系统连续运行不应少于 48h；空载条件下进行。

1. 温度、相对温度测试

（1）测试仪表

测试温度、相对湿度的仪表精度等级不应低于 2 级。

（2）测试方法

1）选取冷通道内两排机柜的中间面为检测面，沿机柜排列方向选取不应少于 3 个检测点，沿机柜垂直方向宜选取 3 个检测点。

2）沿机柜排列方向选取的第一个检测点距第一个机柜外边线宜为 300mm，检测点间距可根据机柜排列数量，选取 0.6m、1.2m、1.8 三种间距之一进行测量。

3）垂直方向检测点可分别选取距地板面 0.2m、1.1m、2.0m 三个高度进行检测。

2. 空气含尘浓度测试

（1）测试仪表

测试仪器宜使用光散射粒子计数器，采样速率宜大于1L/min。

（2）测试方法

1）检测点布置

① 检测点应均匀分布于冷通道内。

② 检测点净高应控制在0.8～1.1m的范围内。

③ 检测区域内，检测点的数量不应少于10个。当检测区域面积大于100m² 时，应按下式计算最少检测点：

$$NL = \sqrt{A} \tag{6-1}$$

式中：NL——最少检测点，四舍五入取整数；

A——冷通道的面积（m²）。

2）每个检测点应采样3次，每次采样时间不应少于1min，每次采样量不应少于2L。

3）计数器采样管口应位于气流中，并应对着气流方向。

4）采样管应清洁干净，连接处不得有渗漏。采样管的长度不宜大于1.5m。

5）检测人员在检测时不应站在采样口的上风侧，并应减少活动。

3. 照度测试

（1）测试仪表

测试仪器应采用照度计，精度不应低于3级。

（2）测试方法

1）机柜或设备成行排列的主机房，照度检测点应设置在两列机柜或设备之间的通道内。在通道的中心线上应每隔1.0m选择一个检测点，检测点距地面高度应为0.75m，距通道一端应0.5m。

2）其他房间的照度检测应将测量区域划分成1.0m×1.0m的正方形网格，在正方形网格的中心点测量照度，检测点距地面高度应为 0.75m。

4. 噪声测试

（1）测试仪表

测试仪器应采用声级计，精度不应低于 2 级。

（2）测试方法

测试仪器距地面应为 1.2～1.5m，应在主操作员的位置进行测试。

5. 电磁屏蔽测试

电磁屏蔽效能检测应在屏蔽室内相关专业施工完毕并自检合格后进行。

电磁屏蔽测试需要专业检测机构执行，并出具检测报告。

6. 接地电阻测试

（1）测试仪表

测试仪器应采用接地电阻测试仪，分辨率应大于 0.001Ω。

（2）测试方法

1）应采用截面面积不小于 2.5mm^2 的铜芯软电线或电缆作为辅助线缆，并使用接地电阻测试仪测试辅助线的电阻值 R_0。

2）应以局部等电位联结箱作为参考点，辅助线缆一端连接参考点，辅助线另一端与被测点分别连接接地电阻测试仪，应连续测试三次取平均值 R_1。

3）局部等电位联结箱与被测点之间的电阻值 R 应按下式计算：

$$R = R_1 - R_0 \tag{6-2}$$

7. 供电电源质量测试

（1）测试仪表

1）测试电压、零地电压、频率的仪器精度等级不应低于 0.5 级。

2）测试波形畸变率的仪器精度等级不应低于 2.5 级。

（2）测试方法

1）电压/频率/电压谐波含量和零地电压应在 UPS 电源输出

末端进行检测。

2）测试电压和频率时，测量仪器的测试棒应并接在UPS电源输出末端的相线（L）与中性线（N）之间。

3）测试零地电压时，测量仪器的测试棒应并接在UPS电源输出末端的中性线（N）与保护线（PE）之间。

4）测试电压谐波含量时，测量仪器的测试棒应并接在UPS电源输出末端的相线 Ll、L2、L3 之间，如图6-6所示。

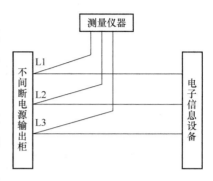

图6-6　电压谐波含量测试

8. 无线电骚扰环境场强和工频磁场场强测试

（1）测试仪表

测试仪器宜为无线电场强仪、测量天线、工频磁场仪，并应符合下列要求：

1）无线电场强仪的频率范围应为 $80 \sim 2000MHz$，带宽应为 $6dB$，正弦波电压的测量准确度应为 $\pm 2dB$。

2）测量天线的频率范围应为 $80 \sim 2000MHz$。

3）工频磁场测试仪的测量范围应为 $0 \sim 50A/m$，准确度不应低于 $\pm 5\%$。

（2）测试方法

1）无线电骚扰环境场强测量点应选择在机房内距专用空调、UPS主机及电池、新风机、机房动力配电柜等机房专用辅助设备 $0.6m$ 外任意一点。在 $80 \sim 1000MHz$、$1400 \sim 2000MHz$ 频率范围内进行扫描，由大到小选取不少于 10 个场强值进行记录。

2）工频磁场场强测量点应选择在距专用空调、UPS主机及电池、新风机、机房动力配电柜、带隔离变压器的 UPS 列头柜等机房专用设备 $0.6m$ 外，电子信息系统设备摆放位置每 $50m^2$ 布置不宜少于 5 个测量点。

307

参 考 文 献

[1] 陈宏庆，张飞碧，袁得，等. 智能弱电工程设计与应用[M]. 北京：机械工业出版社，2013.

[2] 程大章. 智能建筑工程设计与实施[M]. 上海：同济大学出版社，2001.

[3] 秦兆海，周鑫华. 智能楼宇技术设计与施工[M]. 北京：清华大学出版社，2003.

[4] 赵晓宇，王福林，吴悦明，等. 建筑设备监控系统工程技术指南[M]. 北京：中国建筑工业出版社，2016.

[5] 姚卫丰. 楼宇设备监控及组态(第2版)[M]. 北京：机械工业出版社，2015.

[6] 国家广播电影电视总局人事司. 有线广播电视机线员——线务员[M]. 北京：中国广播电视出版社，2009.

[7] 通信行业职业技能鉴定指导中心. 线务员[M]. 北京：北京邮电大学出版社，2008.

[8] 张国军，杨羊. 机电设备装调工艺与技术机械分册[M]. 北京：北京理工大学出版社，2012.

[9] 危凤海. 建筑设备工程施工图[M]. 北京：清华大学出版社，2013.